LÄNDLICHE HOLZARBEITEN

Jack Hill

LÄNDLICHE HOLZARBEITEN

Möbel & Praktisches
für drinnen und draußen
selbst machen

Mit Fotos von James Merrell

Verlag Th. Schäfer im Vincentz Network

Das Buch ist in Großbritannien erstmalig
2005 erschienen bei Mitchell Beazley,
einem Verlag aus der Octopus Publishing
Group Ltd., London

Die meisten Anleitungen und Abbildungen
sind bereits in dem Buch »Country Wood-
worker« des gleichen Verfassers enthalten,
das bei Mitchell Beazley erschienen ist

Lektorat: Anna Sanderson
Art Director: Christine Keilty
Redaktion: Catherine Emslie
Gestaltung: DW Design
Hersteller: Jane Rogers
Illustrationen: Julie Douglas und Jack Hill
Stichwortverzeichnis: Hilary Bird

Deutsche Ausgabe:

»Ländliche Holzarbeiten«
Übersetzung: Michael Auwers, Friedland
Lektorat: Joachim F. Baumhauer
Satz: Prengelayout
Druck und Bindung: Toppan Printing
Company Ltd., China

ISBN: 3-87870-993-5
ISBN-13: 978-3-87870-993-0
Best.-Nr.: 9139

Verlag Th. Schäfer im Vincentz Network
Schiffgraben 43
30175 Hannover

Fordern Sie ein kostenloses
Gesamtverzeichnis an und besuchen
Sie uns im Internet
www.th-schaefer.de

Inhalt

Einleitung

Man mag es fast paradox nennen: Zu Beginn des 21. Jahrhunderts sind Tischlerarbeiten des 18. und 19. Jahrhunderts als Sammlerstücke begehrt. Und zwar nicht nur die Erzeugnisse der berühmten Werkstätten, sondern auch – und vor allem – solche, die in kleinen Dorfschreinereien hergestellt wurden, in Europa und in den frühen Siedlungen der amerikanischen Kolonien. Dort stellte man Produkte für die Allgemeinheit her, für Kunden, die eher an der Funktion eines Möbels interessiert waren als an seinem Aussehen. Genau deshalb, wegen ihrer bemerkenswerten Schlichtheit und der traditionellen Fertigung, sind diese Stücke heute so gesucht. Wir wissen heute die Produkte und Annehmlichkeiten der modernen Technik zu schätzen, trotzdem freuen wir uns doch an den Objekten vergangener Zeiten, die wir oft faszinierender und schöner finden.

Natürlich fragt man sich warum. Dies ist eine durchaus berechtigte Frage. Liegt es daran, daß die alten Handwerker uns ein Symbol sind für eine Zeit, in der man einen sehr viel langsameren und weniger aufreibenden Lebensstil pflegte? Oder liegt es daran, daß wir mit der Monotonie des Stadtlebens und der Einförmigkeit der industriellen Massenware unzufrieden sind? Auf jeden Fall spricht die Vorstellung vom einfachen Leben auf dem Lande viele Menschen an – eine Vorstellung, der sich das Fernsehen, Zeitschriften und Werbung bedienen, wenn sie das Leben im Dorf schildern, sich dabei mit der Inneneinrichtung von Bauernhäusern oder dem Landleben an sich beschäftigen. So erinnert man sich immer wieder an vergangene Zeiten und Denkweisen zurück, mit der Folge, daß die Erzeugnisse unserer ländlichen Vergangenheit wieder im Gespräch sind und sich eines ganz neuen Lebens erfreuen dürfen.

Das wird nirgends so deutlich wie in dem wachsenden Interesse an handwerklich hergestellten Holzgegenständen. Das können Möbel für drinnen oder draußen sein, Küchengerätschaften, Behälter, Regale oder Gestelle, in denen man dies und das aufbewahren oder zur Schau stellen kann. Die traditionelle Fertigungsweise ist dabei ein wesentlicher Bestandteil des

sogenannten ländlichen Stils – vielleicht ist sie sogar der wichtigste.

Holz ist seit Urzeiten eine der wichtigsten natürlichen Ressourcen der Menschheit. Immer wieder fand man neue Verwendungsweisen für dieses Material. Der Baum war am Anfang dazu da, die wesentlichen Bedürfnisse des Menschen zu befriedigen; er bot Nahrung, Brennstoff und Schutz vor der Witterung. Später wurden immer anspruchsvollere Bauformen entwickelt, und die Behausungen (ob es nun kleine oder große waren) wurden ebenso aus Holz hergestellt wie die Möbel, die man darin aufstellte. Auch Boote und Schiffe aller Größen, Zäune und Befestigungsanlagen, landwirtschaftliche oder hauswirtschaftliche Geräte und Haushaltsgegenstände bestanden aus Holz. Die ersten Flugzeuge wurden aus Holz gebaut, die Chassis der klassischen Automobile waren Holzrahmen, und Lokomotiven fuhren auf Schienen aus Eisen, die auf hölzernen Schwellen ruhten. Das Papier, auf dem wir schreiben, der Bleistift, mit dem wir schreiben, ja sogar das Radiergummi, mit dem wir unsere Schreibfehler berichtigen – sie alle begannen ihr Dasein als Baum. Die Brennstoffe, mit denen unsere Kraftfahrzeuge betrieben werden und die unsere Zentralheizungen befeuern, stammen von fossilen Wäldern, deren Bäume lange vor dem Erscheinen des Menschen auf der Erde wuchsen und vergingen.

Die frühsten Holzhandwerker benutzten nur sehr einfaches Werkzeug, was sich auch in der Einfachheit und Funktionalität ihrer Produkte widerspiegelt. Es ist genau diese Ursprünglichkeit, die uns heute so fasziniert. Die Werkstücke in diesem Buch sind nach Schwierigkeitsgrad geordnet, von leicht bis schwieriger, und entsprechend farblich markiert. Was Sie dort finden, soll Sie anregen und es Ihnen ermöglichen, eigene traditionelle ländliche Möbel und Gegenstände aus Holz selbst herzustellen. Vielleicht gelingt es Ihnen dann sogar, so etwas wie das innere Wesen des Landlebens zu erfassen. Auf jeden Fall ist das Leben mit Holz ganz sicher immer ein Genuß, und mit Holz zu arbeiten kann Ihnen tiefe Befriedigung und echte Momente des Glücks schenken.

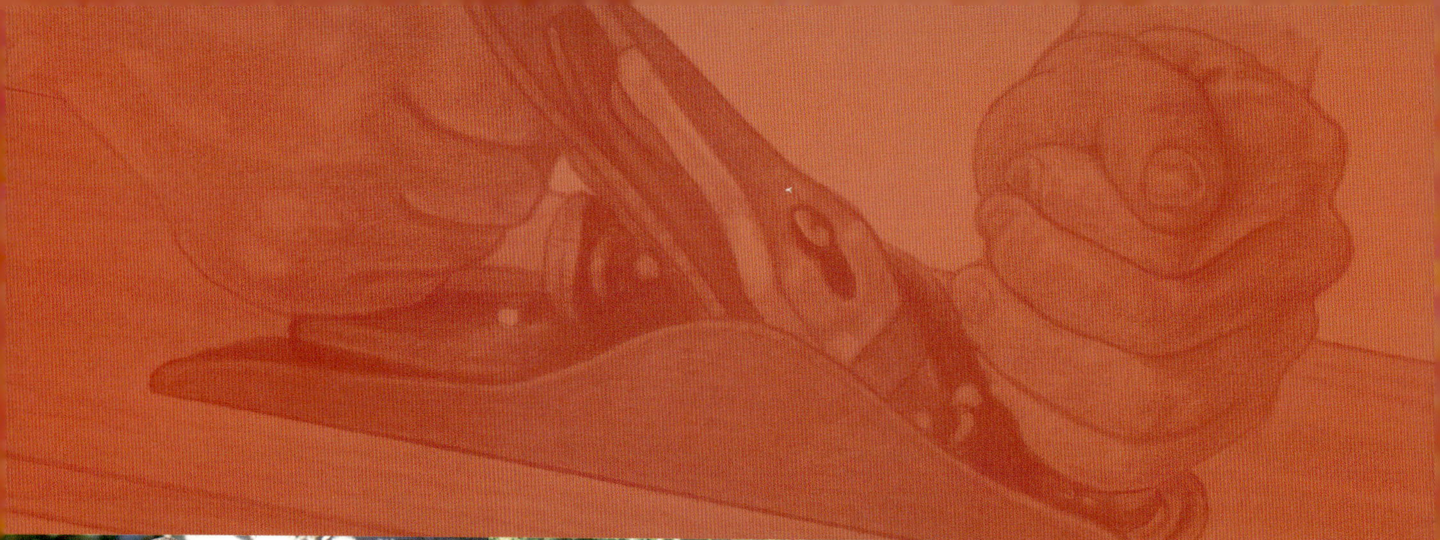

Die Werkstücke

Nistkasten

SCHWIERIGKEITSGRAD
Leicht

GRÖSSE
254 x 203 x 152 mm

MATERIAL
Kiefer
Ein Stück Leder oder Gummi

STÜCKLISTE
1 Vorderteil
254 x 152 x 16 mm
1 Rückwand
254 x 152 x 16 mm
2 Seitenteile
178 x 127 x 16 mm
1 Dachteil
190 x 152 x 16 mm
1 Dachteil
178 x 152 x 16 mm
1 Boden
203 x 127 x 16 mm

HINWEIS
Alle Teile können aus einem einzelnen Brett (1270 x 152 x 16 mm) geschnitten werden.

Geeignet wäre zum Beispiel ein Dielenbrett.

Maßangaben in mm

Wollen Sie Vögel in Ihren Garten locken, müssen Sie Ihnen mehr bieten als nur Futter. Die anderen lebensnotwendigen Dinge wie Wasser und Nistplätze sind genauso wichtig. Die verschiedenen Vogelarten stellen sehr unterschiedliche Anforderungen an ihre Nistplätze. Der hier gezeigte Nistkasten ist für Höhlenbrüter wie Blaumeisen, Rotkehlchen und Sperlinge gedacht. Natürlich können Sie die Ästhetik des Kastens, auch im Inneren Ihres Hauses zur Geltung bringen lassen. Die Größe des Flugloches ist ein wichtiger Faktor, da der Nistkasten schnell von anderen Vogel- oder Tierarten in Beschlag genommen wird, wenn man das Loch vergrößert. Bei genauer Beachtung der Arbeitsanleitung ist dieses Werkstück gut für Anfänger in der Kunst der Holzbearbeitung geeignet, da Vögel kein überkritisches Publikum sind.

Arbeitsweise

1

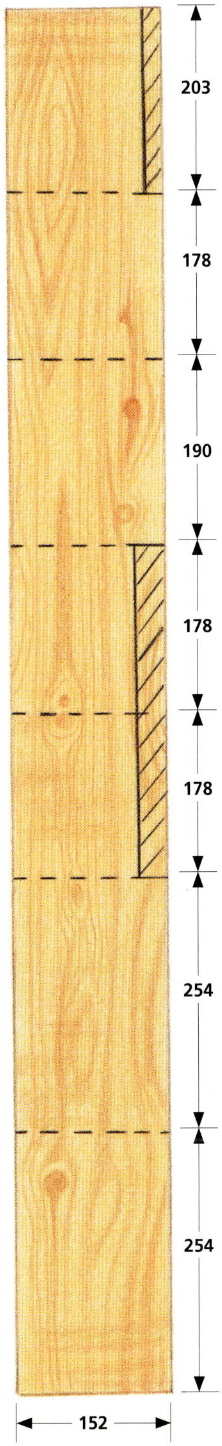

2

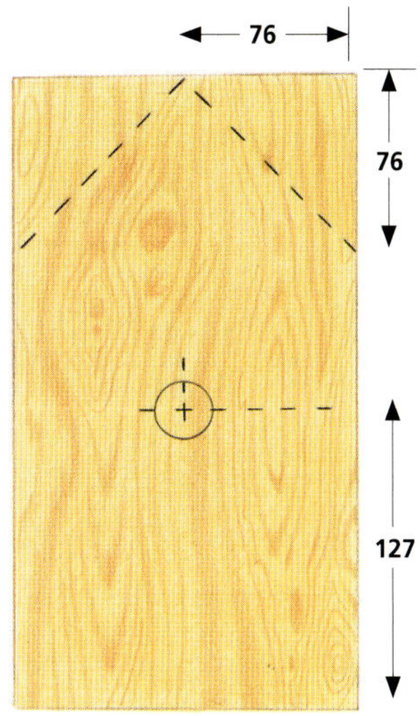

2 Reißen Sie am Vorderteil die Giebelschrägen (45°) an, und sägen Sie den Verschnitt ab. Markieren Sie auf dem Vorderteil den Mittelpunkt des Flugloches, und bohren Sie ein Loch in der entsprechenden Größe: für kleinere Vögel wie Rotkehlchen oder Blaumeisen 29 mm Durchmesser, für Sperlinge 32 mm. Falls kein Bohrer mit dem notwendigen Durchmesser zur Verfügung steht, bohren Sie mehrere kleinere Löcher, und vergrößern Sie sie mit einer Raspel oder Feile. Glätten Sie die Kanten des fertigen Flugloches.

1 Reißen Sie zuerst die einzelnen Teile an, und sägen Sie diese dann zu. Kennzeichnen Sie jedes Teil mit seinem späteren Verwendungszweck, um Verwechslungen auszuschließen.

3

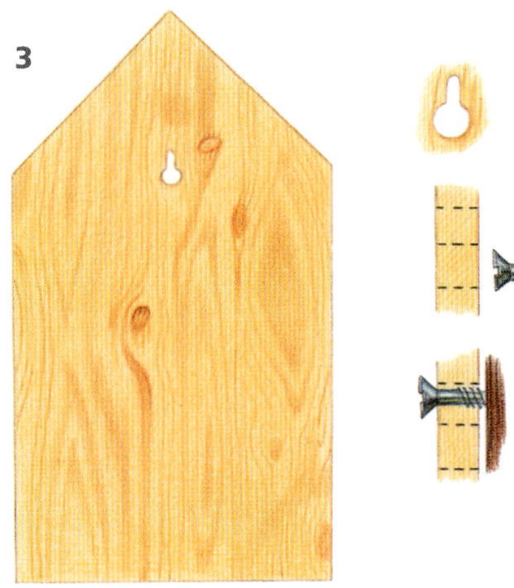

6

3 Reißen Sie an der Rückwand die Giebelschrägen (45°) an, und sägen Sie den Verschnitt ab. Bringen Sie in der Rückwand ein Schlitzloch an, mit dem der fertige Nistkasten an einem Nagel oder einer Schraube aufgehängt werden kann.

4 Bohren Sie in den Boden des Nistkastens einige Abflußlöcher. Ein Durchmesser von etwa 6 mm ist vollkommen ausreichend.

5

5 Reißen Sie an den Oberkanten der beiden Seitenteile eine Fase von 45° an, so daß diese an die Dachteile passen, und schneiden Sie die Fasen zu.

6 Fügen Sie die Seitenteile, das Vorderteil und die Rückwand trocken (ohne Leim) zusammen, und überprüfen Sie, ob die Fasen richtig fluchten. Arbeiten Sie gegebenenfalls nach.

7

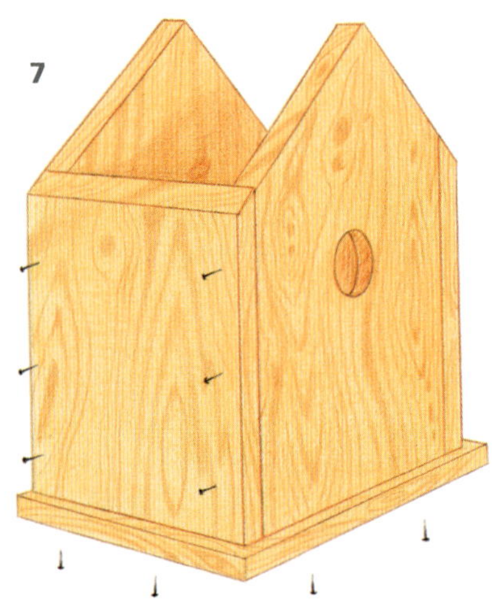

7 Fügen Sie die Seitenteile, das Vorderteil und die Rückwand mit Leim und Nägeln zusammen. Verwenden Sie einen wetterfesten Leim. Achten Sie beim Nageln darauf, das Holz nicht zu spalten (siehe Seite 99 für Hinweise zum Nageln).

8 Bringen Sie den Boden in die richtige Position. Beachten Sie, daß er vorne und an den Seiten übersteht. Befestigen Sie den Boden mit Leim und Nägeln. Vergewissern Sie sich dabei, daß der Korpus rechtwinklig ist. Entfernen Sie überschüssigen Leim, und lassen Sie das Werkstück trocknen.

9

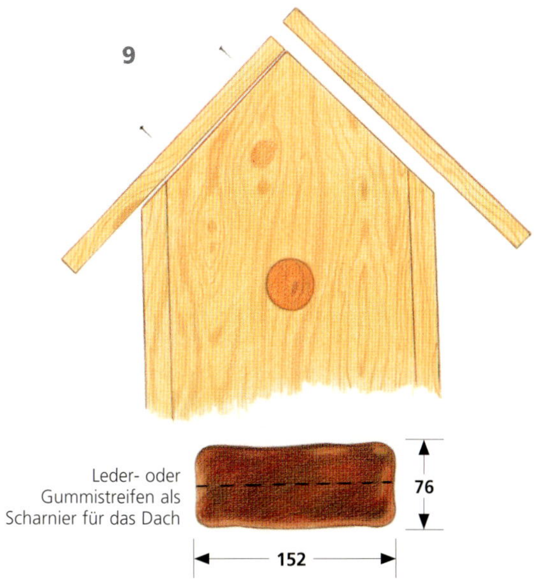

9 Kontrollieren Sie die Passung der beiden Dachteile. Beachten Sie, daß das längere Teil das kürzere überlappt. Wenn die Passung stimmt, befestigen Sie das Dach mit Leim und Nägeln.

10 Decken Sie die Verbindungsfuge am First mit einem Leder- oder Gummistreifen ab, den Sie mit breitköpfigen (Polster-)Nägeln befestigen.

11 Falls Sie den Nistkasten außerhalb der Brutzeit öffnen wollen, um ihn zu reinigen, befestigen Sie nur das kürzere Dachteil und lassen das längere lose bis auf den als Scharnier dienenden Leder- oder Gummistreifen.

12

12 Bringen Sie in diesem Fall einen einfachen Verschluß an dem losen Dachteil an. Die Detailzeichnung zeigt, wie Sie einen solchen Verschluß leicht aus zwei Krampen und einem kurzen Drahtstück herstellen können. Achten Sie darauf, das Holz mit den Krampen nicht zu spalten.

13 Sitzstangen unterhalb des Flugloches sind nicht zu empfehlen, da sie Raubtiere anlocken können. Falls Sie dennoch eine Sitzstange anbringen möchten, stecken Sie einen kleinen Ast in ein vorgebohrtes Loch.

14 Behandeln Sie den fertigen Nistkasten mit einem geeigneten Oberflächenmittel. Arbeiten Sie in einem gut ventilierten Raum oder im Freien, und richten Sie sich nach den Verarbeitungshinweisen des Herstellers. Lassen Sie genügend Zeit, damit Lösemittel verdunsten können, bevor Sie den Nistkasten aufhängen. Das gleiche gilt, wenn Sie das Äußere des Kastens farbig lackieren wollen.

15 Hängen Sie den Nistkasten mindestens 2 Meter über dem Boden auf. Er sollte nicht direkter Sonneneinstrahlung ausgesetzt sein, am geeignetsten ist ein schattiges Plätzchen zwischen Bäumen oder Sträuchern. Bringen Sie den Kasten schon einige Wochen vor der Brutzeit an, damit sich die Vögel an ihn gewöhnen können.

Fünf-Brett-Bank

SCHWIERIGKEITSGRAD
Leicht

GRÖSSE
914 x 428 x 305 mm

MATERIAL
Kiefer oder ein beliebiges Hartholz

STÜCKLISTE
1 Sitzfläche
914 x 305 x 22 mm
2 Beine
406 x 254 x 22 mm
2 Zargen
762 x 102 x 22 mm

Vgl. Schablone für die Beine auf Seite 120

HINWEIS
Wenn Sie die Bank im Freien aufstellen wollen, ist es zweckmäßig, bei der Endmontage einen wasserfesten Leim zu verwenden.

Maßangaben in mm

Bänke wie diese fanden sich früher in ganz Europa und Nordamerika. Meist wurden sie aus Kiefer hergestellt und farbig lackiert. Es waren beliebte Möbelstücke, die man sowohl im Haus als auch im Freien verwendete. Ihre Popularität verdanken sie der leichten Verfügbarkeit des Rohmaterials, den geringen notwendigen Tischlereikenntnissen und den wenigen Werkzeugen, die zu ihrer Herstellung notwendig waren. Die Konstruktionsweise läßt eine Vielzahl von unterschiedlichen Formen und Größen zu, so daß die Bank für ganz verschiedene Zwecke verwendet werden kann. Wenn man die Bank höher macht, wird sie zu einem kleinen Tisch, der sich vom Stil her besonders für die Verwendung im Garten oder auf der Terrasse eignet. Die hier angegebenen Abmessungen ergeben einen großzügigen Sitzplatz für zwei Personen.

Arbeitsweise

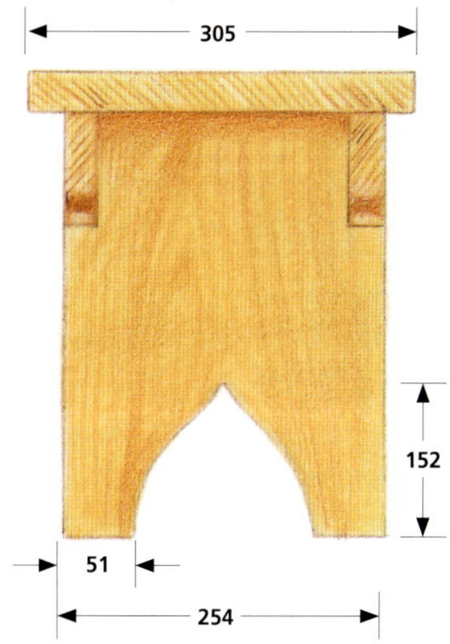

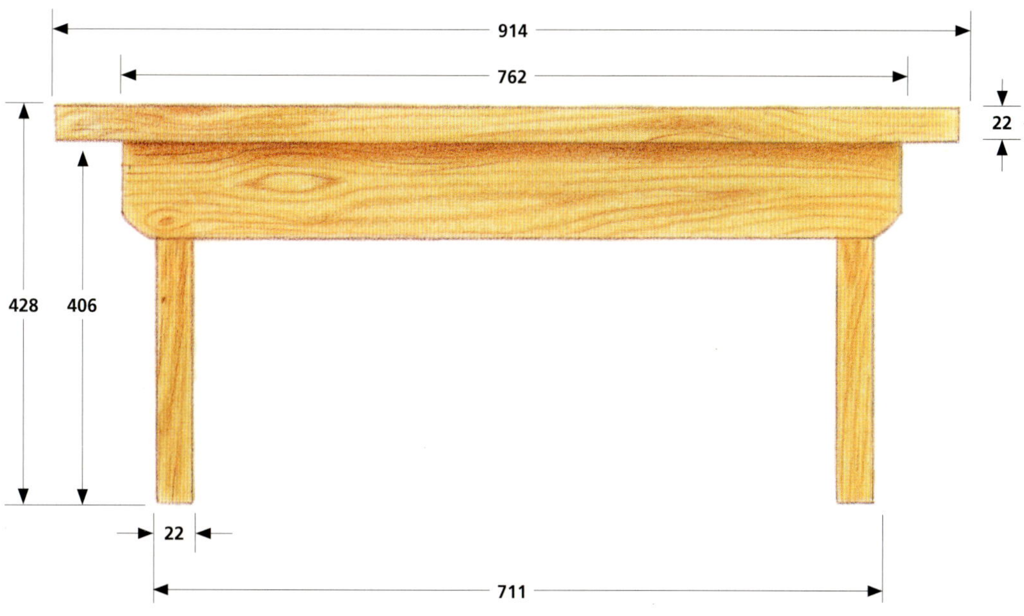

1 Suchen Sie geeignetes Material in den gegebenen Abmessungen aus, und bereiten Sie es vor. Falls notwendig, können Sie das 305 mm breite Brett aus einzelnen schmaleren Brettern zusammenleimen (vgl. S. 100 – 101).

2 Schneiden Sie die Form der beiden Beine aus. Sie können die Schablone auf Seite 120 als Vorlage verwenden oder einen eigenen Entwurf verwenden.

3

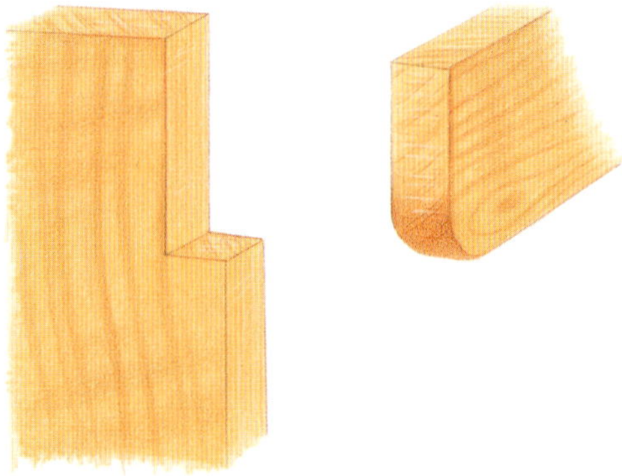

3 Klinken Sie die Aufnahme für die Zargen wie abgebildet aus. Falls die Abmessungen der Zargen sich von den hier angegebenen unterscheiden, ändern Sie auch die Abmessungen der Ausklinkungen entsprechend ab. Die Ausklinkungen tragen wesentlich zur Stabilität der fertigen Bank bei, wenn sie sorgfältig geschnitten, verleimt und genagelt oder geschraubt werden.

4 Runden Sie dann die Enden der Zargen wie abgebildet ab, und glätten Sie alle Sägekanten und scharfen Ecken.

5

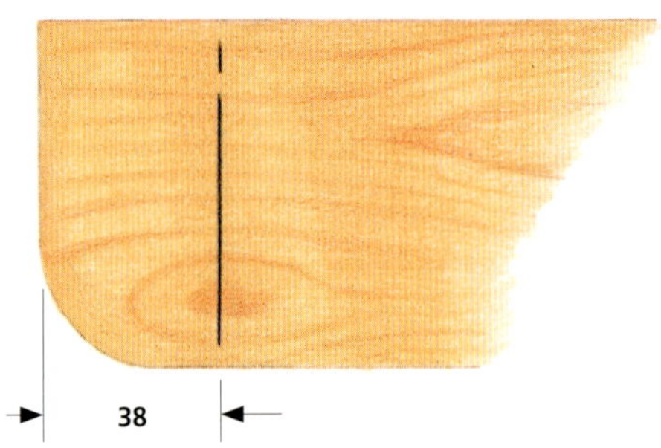

5 Reißen Sie senkrechte Hilfslinien in 38 mm Entfernung von den Enden der Zargen an, wo genagelt oder geschraubt werden soll. Beachten Sie, daß die Zargen 25 mm über die Beine hinausragen. Durch diesen Überstand wird das Risiko verringert, daß das Holz der Zargen beim Schrauben oder Nageln reißt.

6

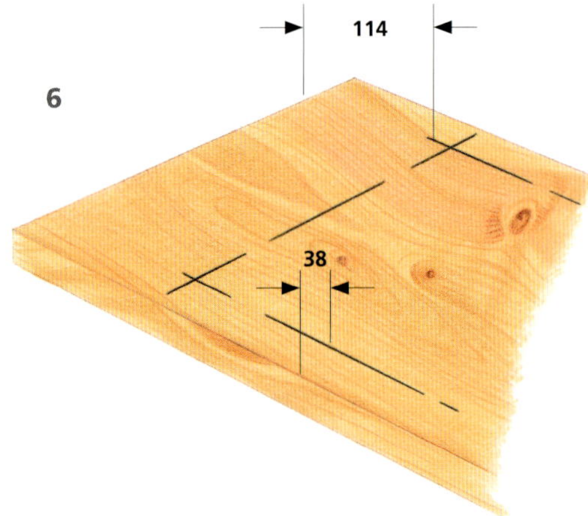

6 Reißen Sie Hilfslinien in 38 mm Abstand von den Längsseiten der Sitzfläche an, die jeweils bis 114 mm an die Schmalseiten heranreichen. Auch diese Linien dienen als Hilfe beim Nageln oder Schrauben.

7 Die einzelnen Teile können mit Drahtstiften oder Nägeln zusammengefügt werden, wie dies bei den traditionellen Vorbildern geschah. Achten Sie beim Nageln darauf, das Holz nicht zu spalten, besonders beim Anbringen der Zargen (siehe Seite 99 für Hinweise zum Nageln). Treiben Sie die Nägelköpfe unter die Holzoberfläche, und füllen Sie die Vertiefungen.

8 Sie können die einzelnen Teile auch miteinander verschrauben. Bei Laubholz ist dies sogar die bessere Verbindungsweise. Bohren Sie Löcher für die Schrauben vor, und bringen Sie Versenkungen an, die Dübelstücke aufnehmen, um die Schraubenköpfe zu verdecken (vgl. Seite 100).

9

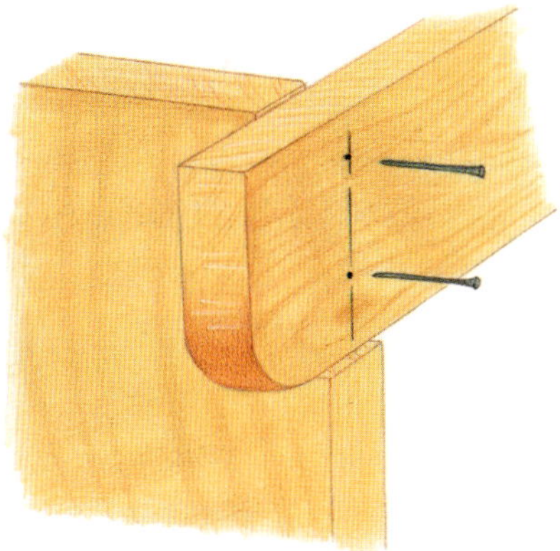

9 Beginnen Sie die Endmontage, indem Sie die Zargen mit den Beinen verbinden. Bringen Sie zuerst Leim an, und nageln oder schrauben Sie dann.

10 Stellen Sie sicher, daß das Unterteil rechtwinklig ist, und entfernen Sie überschüssigen Leim. Lassen Sie die Verbindungen trocknen.

11 Kontrollieren Sie die Sitzfläche auf richtige Passung. Die angerissenen Hilfslinien sollten an jeder Längsseite einen Überhang von 25 mm und an den Schmalseiten Überhänge von etwa 102 mm ergeben.

12

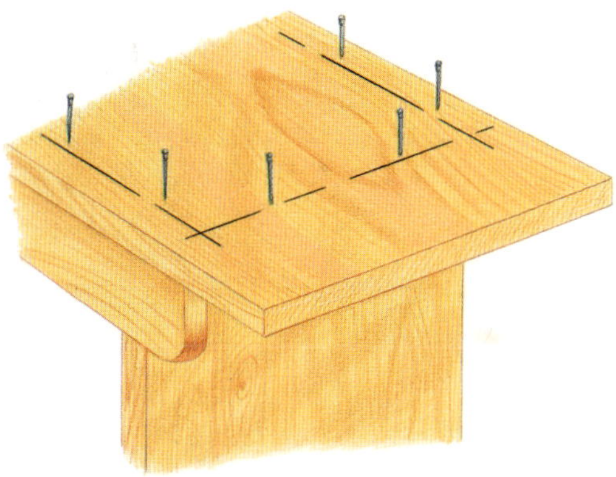

12 Verwenden Sie die Hilfslinien als Orientierung, und schrauben oder nageln Sie die Sitzfläche an den Beinen und Zargen fest. Die Nägel oder Schrauben werden in den Zargen besser halten als im Hirnholz der Beine.

13 Treiben Sie die Nagelköpfe unter die Holzoberfläche, und füllen Sie die Vertiefungen aus. Bei Schraubenverbindungen leimen Sie in die Versenkungen kleine Dübelstücke ein.

14 Entfernen Sie die Hilfslinien, und schleifen Sie alle Oberflächen. Runden Sie alle scharfen Kanten ab, vor allem jene an der Sitzfläche.

15 Behandeln Sie die Oberfläche nach Ihrer Wahl: Sie können beizen, farbig oder klar lackieren (vgl. Seite 108 – 113 für Hinweise zur Oberflächenbehandlung). Soll die Bank überwiegend oder nur im Freien aufgestellt werden, empfiehlt es sich, sie mit einem geeigneten Holzschutzmittel zu behandeln. Dies gilt besonders, wenn Sie Kiefernholz verwenden.

Shaker-Hakenleiste und -Regale

REGALE
Schwierigkeitsgrad
Leicht

GRÖSSE
635 x 559 x 178 mm

Material
Kiefer, Kirsche, Buche

STÜCKLISTE
2 Seitenteile
559 x 178 x 16 mm
3 Regalbretter
635 x 178 x 16 mm

HAKENLEISTE
SCHWIERIGKEITSGRAD
Leicht

GRÖSSE
Haken:
127 x 38 x 38 mm
Leiste:
1219 x 89 x 19 mm

MATERIAL
Haken:
Kirsche, Eiche, Ahorn, Buche
Leiste:
Kiefer

STÜCKLISTE
Haken:
3 Stück 127 x 38 x 38 mm
Leiste:
1 Stück 1219 x 89 x 19 mm

Vgl. Schablone für die Seitenteile auf Seite 123.

Maßangaben in mm

Die sozial-utopische religiöse Bewegung der Shaker entstand in Frankreich, wurde aber im späten 18. Jahrhundert von der aus Manchester in England stammenden Ann Lee geleitet. Sie wanderte im Jahr 1774 in die USA aus und gründete zwei Jahre später in Niskayuna, etwa 10 Kilometer von Albany im heutigen Staat New York entfernt, die erste nordamerikanische Shaker-Gemeinschaft. Die Zahl der Shaker ist mittlerweile stark zurückgegangen. Am bekanntesten sind sie wegen der schlichten und vorzüglichen Erzeugnisse ihrer Handwerker. Zum Glauben der Shaker gehört der Grundsatz, daß Arbeit eine Form der Gottesverehrung sei. Dieser Grundsatz („Die Hände an die Arbeit, die Herzen zu Gott") prägt die schlichte Schönheit all ihrer Arbeiten und führt zu einer strengen Funktionalität, die alle Verzierung als überflüssigen weltlichen Schmuck ablehnt.

Die Möbel der Shaker sind einfach, aber stets wohlproportioniert. Von den vielen Unternehmungen der Shaker ist vermutlich ihre Produktion von geschmackvollen Möbeln und Holzgerätschaften am bekanntesten geworden. Viele der besten Möbeldesigner und Innenarchitekten der Neuzeit haben sich von der Reinheit des Shaker-Stils und seiner Formen inspirieren lassen. Die schlichte Zweckmäßigkeit des Hängeregals ist typisch für ihre Arbeiten.

Solche Regale wurden in allen Wohn- und Arbeitsbereichen der Shaker-Häuser verwendet, um persönliches Hab und Gut, Küchengeräte und Werkzeug aufzubewahren. Die Räume wurden auch meist mit waagerechten Hakenleisten versehen, die oft um den ganzen Raum herumliefen und auf einer einheitlichen Höhe angebracht wurden. An ihnen hängte man allerlei Gegenstände auf, häufig auch Hängeregale oder sogar Möbelstücke.

Arbeitsweise Regal

1

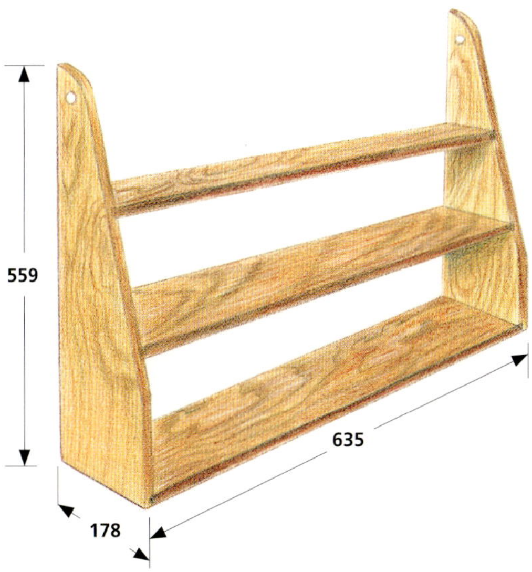

1 Hobeln Sie zuerst die Kanten der Regalbretter, und verleimen Sie einzelne Bretter zu breiteren Brettern, falls nötig (vgl. Seite 100–101). Beachten Sie, daß die oberen Bretter schmaler sind: Das mittlere Brett ist etwa 152 mm breit, das oberste 127 mm.

2 Längen Sie alle Teile ab, achten Sie dabei darauf, daß die Schnitte genau rechtwinklig verlaufen.

3 Hobeln oder schleifen (je nach der Beschaffenheit des Holzes) Sie alle Flächen, bis sie glatt sind.

4

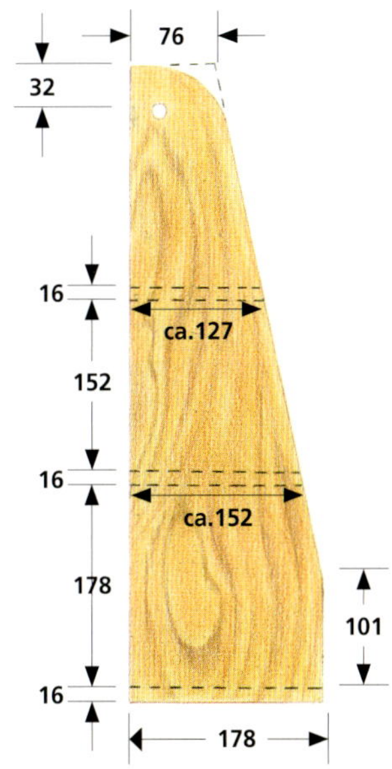

4 Schneiden Sie die beiden Seitenteile so zu, daß Sie sich wie abgebildet nach oben verjüngen. Hobeln oder schleifen Sie die Sägekanten glatt.

5 Reißen Sie die Position der Nuten für die drei Regalbretter an den Seitenteilen an (s. Abb.). Kontrollieren Sie die genaue Stärke der Regalbretter, da die Angaben bei gekauftem Material von den tatsächlichen Maßen abweichen können. Die Nuten sollten etwas schmaler als die Stärke der Bretter sein, um bei der Montage eine Preßpassung sicherzustellen.

6

6 Schneiden Sie die Nuten mit einer Tiefe von 6 mm über die gesamte Breite der Seitenteile.

7 Kontrollieren Sie die Passung der Regalbretter. Falls notwendig, entfernen Sie etwas Holz von der Unterseite der Regalbretter.

8 Bohren Sie, wie auf Seite 19 gezeigt, oben in jedes Seitenteil ein Loch mit 6 mm Durchmesser als Aufnahme für die Aufhängung. Legen Sie ein Stück Restholz unter die Seitenteile, damit die Spitze des Bohrers beim Austritt aus dem Holz die Fasern nicht ausreißt.

9 Montieren Sie das Regal trocken (ohne Leim) zusammen, um die richtige Passung aller Teile zu kontrollieren, und demontieren Sie es dann wieder.

10 Fügen Sie die Seitenteile und die Regalbretter mit Leim zusammen. Halten Sie die Teile gegebenenfalls mit Zwingen zusammen. Kontrollieren Sie auf Rechtwinkligkeit, und entfernen Sie überschüssigen Leim.

11 Die unterste Verbindung sollte durch vorsichtiges Nageln weiter gesichert werden. Achten Sie beim Nageln darauf, das Holz nicht zu spalten (vgl. Seite 99 für Hinweise zum Nageln). Falls die anderen Verbindungen gut passen und zur Sicherheit auch genagelt werden, kann beim Verleimen vielleicht auf die Zwingen verzichtet werden.

12 Das hier abgebildete Regal wurde aus Kiefer hergestellt und farbig lackiert (vgl. Seite 108–113 zu verschiedenen Oberflächenbehandlungen).

Arbeitsweise Hakenleiste

1 Normalerweise werden die Haken gedrechselt (die entsprechenden Abmessungen sind angegeben). Einfache Formen können mit der Hand geschnitzt und dann mit der Feile und Schleifpapier zu Ende bearbeitet werden. Sie können natürlich auch fertige Haken kaufen.

2

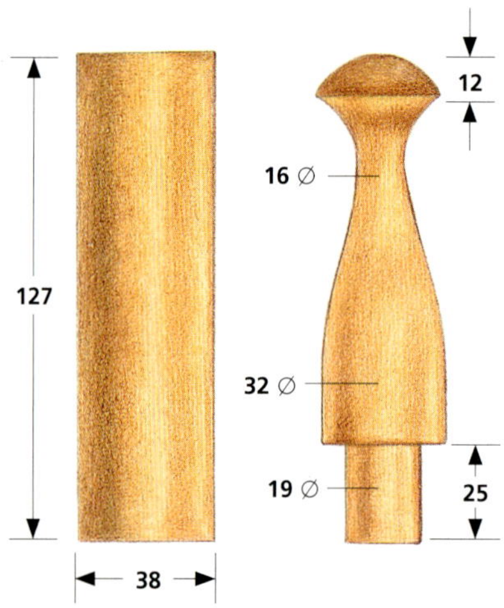

2 Falls Sie die Haken drechseln, spannen Sie jeweils jedes Stück Holz zwischen Spitzen ein, oder halten Sie es mit einem Futter, und geben Sie ihm die gezeigte Form oder eine andere, die Ihnen gefällt. Achten Sie darauf, daß der Zapfen die richtigen Abmessungen erhält und nicht zu klein ist.

3

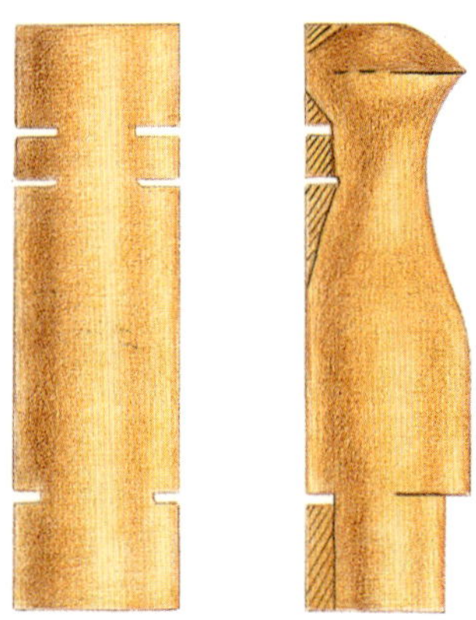

3 Falls Sie die Haken in Handarbeit herstellen, sägen Sie zuerst das Holz wie abgebildet ringsherum ein, und entfernen Sie dann den Verschnitt, um die Form grob herauszuarbeiten, bevor Sie mit der Raspel oder Feile die Feinarbeit vornehmen und abschließend schleifen.

4 Kontrollieren Sie die Größe der Zapfen in einem Loch mit dem richtigen Durchmesser, das Sie in ein Stück Restholz gebohrt haben.

5 Falls Sie gekaufte Haken verwenden wollen, kaufen Sie diese, bevor Sie sich an die Arbeit machen, und kontrollieren Sie den Durchmesser der Zapfen, bevor Sie mit dem nächsten Schritt beginnen.

6 Reißen Sie die Position der Haken auf der Leiste an, und bohren Sie Löcher mit 19 mm Durchmesser (bzw. dem Ihren Zapfen entsprechenden Durchmesser) durch die Leiste. Legen Sie ein Stück Restholz unter die Leiste, damit die Spitze des Bohrers beim Austritt aus dem Holz die Fasern nicht ausreißt.

6

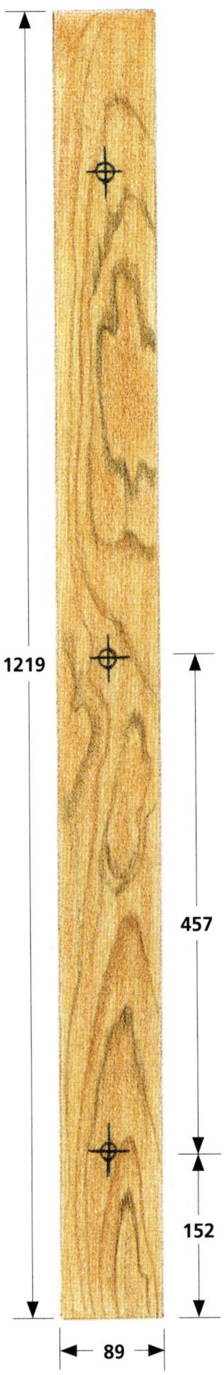

7 Stecken Sie die Haken trocken (ohne Leim) in die Löcher, um die Passung zu kontrollieren.

8 Hobeln oder schleifen Sie die Leiste glatt. Sie kann schlicht gelassen werden oder mit einem einfachen Werkzeug mit einer Ziernut versehen werden.

8

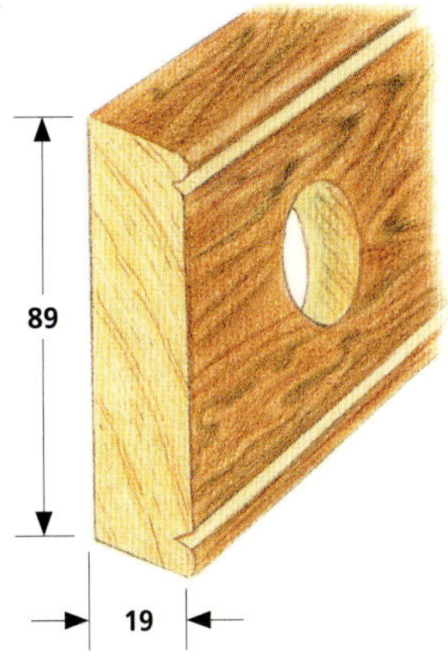

9 Wie die Abbildung zeigt, läßt sich solch ein Werkzeug leicht aus einer Schraube und einem Stück Restholz herstellen. Ist die Leiste fertig, runden Sie die Kanten mit einem kleinen Hobel.

9

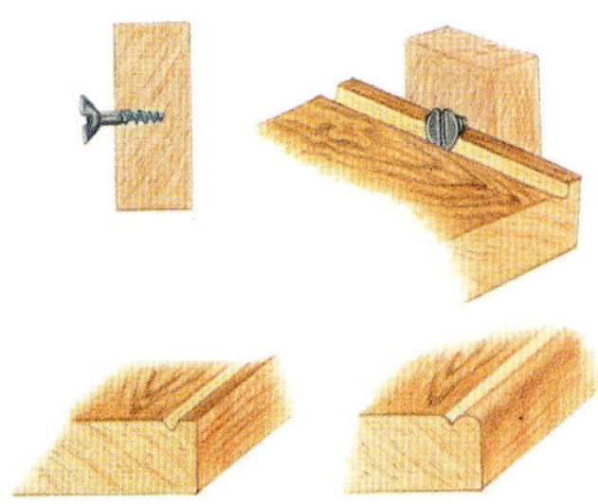

10 Lackieren Sie die Leiste in einer Farbe Ihrer Wahl. Achten Sie darauf, daß der Lack nicht in die Zapfenlöcher gelangt, da sonst die Haftfähigkeit des Leimes verringert wird.

11 Behandeln Sie die Haken mit einem klaren Oberflächenmittel. Lassen Sie den Zapfen unbehandelt.

12 Wenn alle Oberflächen getrocknet sind, leimen Sie die Haken in die Zapfenlöcher. Nachdem der Leim getrocknet ist, werden die Zapfen an der Rückseite bündig geschnitten, falls sie überstehen sollten.

13 Sie können die Hakenleiste an einer bereits vorhandenen Wand mit Schrauben befestigen. Versenken Sie in diesem Fall die Schraubenköpfe in der Leiste, füllen Sie die Versenkungen aus, und lackieren Sie die Füllung. Bei neu errichteten Wänden können die Hakenleisten auch in entsprechenden Vertiefungen angebracht werden.

Kerzen-Kasten

SCHWIERIGKEITSGRAD
Leicht/Mittel

GRÖSSE
457 x 228 x 165 mm

MATERIAL
Kiefer, Kirsche, Eiche

STÜCKLISTE
1 Rückwand
457 x 203 x 12 mm
1 Vorderteil
203 x 203 x 12 mm
2 Seitenteile
254 x 127 x 12 mm
1 Boden
228 x 165 x 12 mm

Vgl. Schablone für die Umrisse und ausgeschnittenen Teile auf Seite 120.

Maßangaben in mm

Kleine Kästen aller Art waren einst häufige Einrichtungsstücke des ländlichen Haushaltes. Man bewahrte in ihnen allerlei verschiedene Dinge auf, Pfeffer und Salz, Messer und Löffel und natürlich auch Kerzen. Kurz: alles, was sicher aufgehoben, aber auch schnell zu finden sein sollte. Zu den ersten Beispielen gehörten Wandkästen. Sie wurden entweder an einem Haken oder an einem Nagel an der Wand aufgehängt oder auf einem Tisch oder einem Vorsprung aufgestellt und an die Wand gelehnt. Die einfachste Form wies keinen Deckel auf. Es gab jedoch auch Exemplare mit Deckel, und der Entwurf entwickelte sich weiter zu Formen mit Schubladen, so daß in manchen Fällen aus den einfachen Kästen regelrechte Miniatur-Kommoden entstanden.

Sammler benennen diese Kästen nach ihrem Hauptverwendungszweck. So gibt es neben den oben bereits erwähnten Kästen sogenannte Klöppelholz-Kästen (in denen die Klöppelhölzer aufbewahrt wurden, mit denen Klöppelspitze hergestellt wurde), Würfel- und Domino-Kästen und Tabak- und Pfeifen-Kästen.

Manche Kästen hatten keinen besonderen Verwendungszweck, sondern wurden einfach nur benutzt, um wichtige Dokumente, Briefe, persönliche Kleinigkeiten oder wertvolle Bücher aufzubewahren. Sie waren oft aufwendig mit Malereien oder Schnitzwerk verziert, um auf den Wert hinzuweisen, der ihnen und ihrem Inhalt beigemessen wurde.

Es mag uns heute, im Zeitalter der Einbauschränke, vielleicht schwerfallen, den unschätzbaren Wert nachzuvollziehen, den solche Kästen in der Vergangenheit hatten. Dennoch können sie sich, auch über das rein Dekorative hinaus, als durchaus nützlich erweisen. Ein Kerzen-Kasten kann zu einem idealen Aufbewahrungsort für Briefe oder Einkaufsbelege umfunktioniert werden, und andere Kästen lassen sich zu allerlei modernen Verwendungszwecken heranziehen.

Arbeitsweise

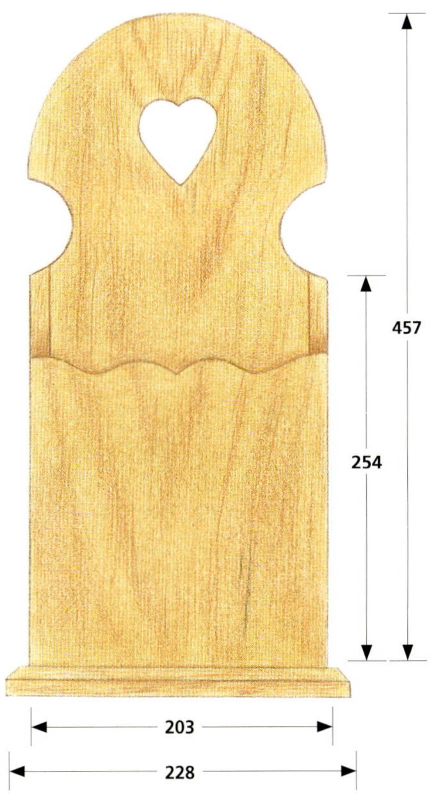

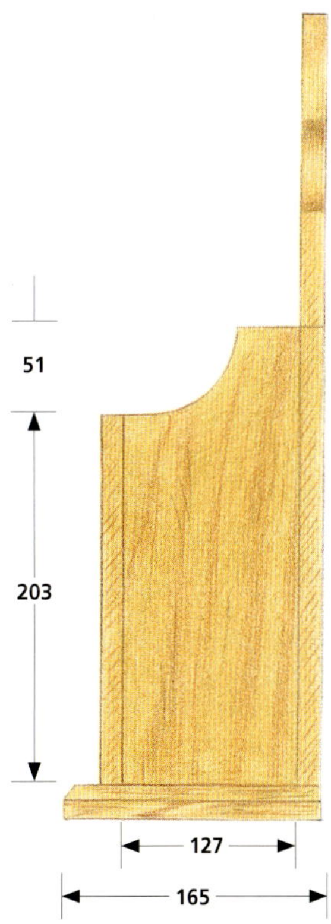

1

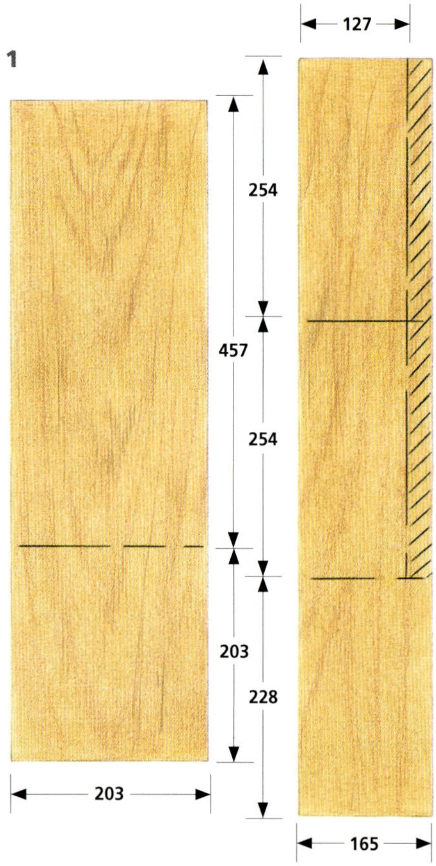

4

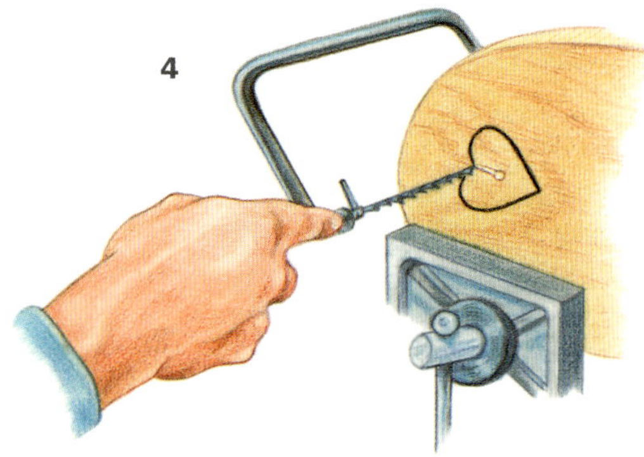

4 Um den herzförmigen Ausschnitt herzustellen, bohren Sie zuerst ein Loch durch das Holz und sägen dann die Form mit einer Laub- oder Stichsäge aus. Glätten Sie die Kanten danach mit der Feile und feinem Schleifpapier.

5 Entfernen Sie alle Sägespuren an den Schnittkanten. Kontrollieren Sie alle Stücke auf richtige Abmessungen, und stellen Sie sicher, daß die beiden Seitenteile symmetrische Gegenstücke sind.

6 Montieren Sie die Rückwand, das Vorderteil und die Seitenteile trocken (ohne Leim) zusammen. Achten Sie darauf, daß die Konturen der unregelmäßig geformten Kanten zueinander passen. Arbeiten Sie diese gegebenenfalls nach.

1 Reißen Sie die einzelnen Teile an, und schneiden Sie sie aus. Sie können materialsparend aus zwei einzelnen Holzstücken geschnitten werden, wie die Abbildung es zeigt. Kennzeichnen Sie jedes Teil mit seinem späteren Verwendungszweck.

2 Vergrößern Sie die Schnittvorlagen auf Seite 120, und pausen Sie die Muster auf die entsprechenden Holzteile durch.

3 Schneiden Sie die Teile zu.

7

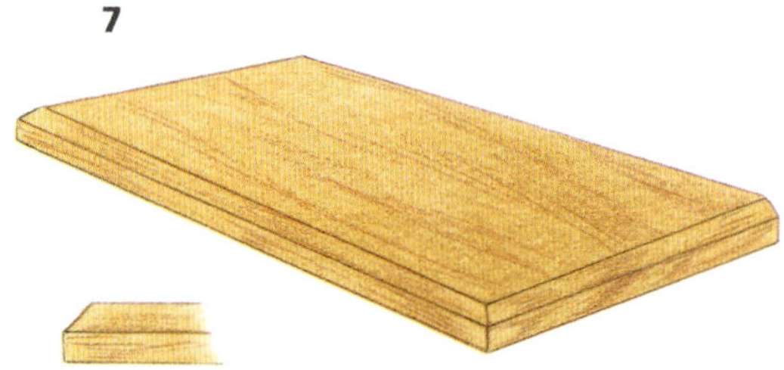

7 Arbeiten Sie vorne und an den Seiten an der Oberkante des Bodens eine Fase von 6 mm an.

8 Verputzen Sie alle Teile vor der Montage.

9

9 Fügen Sie alle Teile des Kastens mit Leim und Nägeln zusammen. Verwenden Sie kleine Drahtstifte oder Stauchkopfnägel, und achten Sie darauf, das Holz nicht zu spalten, vor allem wenn Sie den Kasten aus Hartholz herstellen (vgl. Seite 99 für Hinweise zum Nageln).

10 Beginnen Sie die Endmontage, indem Sie die Rückwand mit den Seitenteilen verbinden. Fügen Sie dann das Vorderteil hinzu. Kontrollieren Sie auf Rechtwinkligkeit, bevor Sie den Boden anbringen. Entfernen Sie überschüssigen Leim, und lassen Sie das Werkstück gründlich trocknen.

11 Treiben Sie die Nagelköpfe unter die Holzoberfläche, und füllen Sie die Vertiefungen mit Holzkitt oder einer Mischung aus Leim und feinen Sägespänen aus.

12 Behandeln Sie die Oberfläche mit einem geeigneten Mittel. Mit dem traditionellen Bienenwachs erhält das Holz einen warmen Glanz, vor allem wenn Sie mehrere Schichten auftragen. Mit Lack läßt sich eine widerstandsfähigere Oberfläche erzielen. Falls Ihr Kasten alt und benutzt aussehen soll, können Sie eine der auf Seite 108–113 angegebenen Methoden verwenden, um die Oberfläche oder die Bemalung mit einer künstlichen Patina zu versehen.

13 Sie können den herzförmigen Ausschnitt dazu verwenden, um den Kasten an zwei Nägeln, Haken oder kleinen Holzpflöcken an der Wand aufzuhängen. Sie können aber auch an der Rückwand einen gekauften Aufhänger anbringen. Alternativ können Sie den Kerzen-Kasten auch auf einem Tisch oder dem Fensterbrett frei aufstellen.

Melkschemel

SCHWIERIGKEITSGRAD
Leicht/Mittel

GRÖSSE
254 x 254 x 203mm

MATERIAL
Sitzfläche: Ulme, Eiche, Kiefer
Beine: Esche, Buche, Ahorn, Eiche

STÜCKLISTE
1 Sitzfläche
254 x 254 x 51 mm
3 Beine
203 x 51 x 51 mm

Maßangaben in mm

Jahrhundertelang wurden Kühe nur mit der Hand gemolken. Melkschemel waren niedrig und kräftig gebaut (unser Beispiel ist relativ hoch) und hatten drei Beine, so daß sie auch auf rauhem und unebenen Boden sicher standen. Außerdem konnte sich der Melker so auf zwei der drei Beine zu der Kuh hinbeugen. Auch wenn sie nie zum Melken benutzt wurden, werden solche dreibeinigen Hocker heute allgemein als Melkschemel bezeichnet. Die meisten Melkschemel haben einen runden Sitz, es kommen aber auch solche vor, bei denen die vordere Kante gerade ausgeführt ist. In Skandinavien gab es auch eine Variante, die nur ein Bein aufwies. Heute ist ein Melkschemel ein ansprechendes Requisit neben dem Kamin im Wohnzimmer oder in einer Landhausküche. Sie sind auch bei Kindern sehr beliebt, da sie nicht so hoch sind.

Arbeitsweise

1

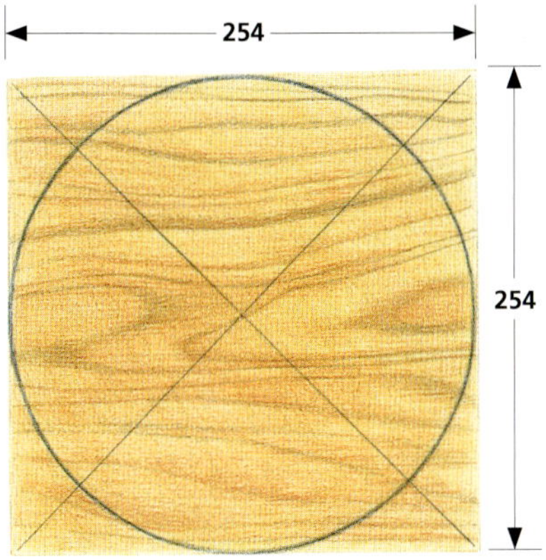

1 Reißen Sie mit einem Zirkel einen runden Sitz mit 254 mm Durchmesser an, und schneiden Sie ihn aus.

2

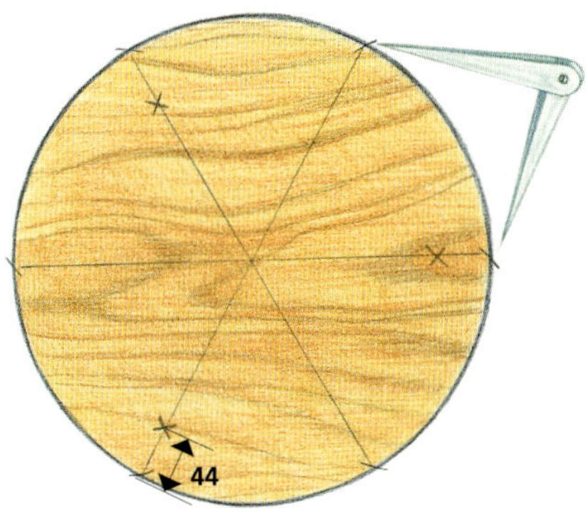

2 Wählen Sie die bessere Seite als Oberseite aus, und reißen Sie mit dem auf 127 mm eingestellten Zirkel sechs Punkte im gleichen Abstand am Umfang an. Verbinden Sie die sechs Punkte mit Bleistiftstrichen, und reißen Sie auf diesen Linien die Positionen der drei Beine in 44 mm Abstand vom Rand an.

3

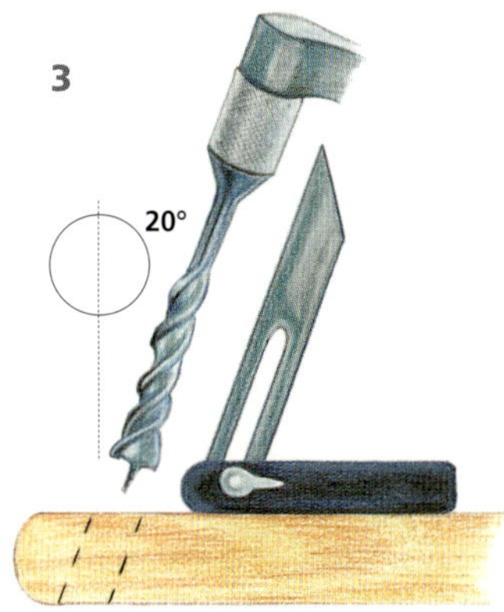

3 Die Löcher für die Beine werden in einem Winkel von 20° zur Senkrechten gebohrt. Man kann das nach Augenmaß tun, allerdings nur, wenn man schon sehr erfahren ist. Es gibt verschiedene Möglichkeiten, diese Arbeit etwas genauer auszuführen. Eine einfache Methode ist die Verwendung einer Schmiege als Führung beim Bohren.

4

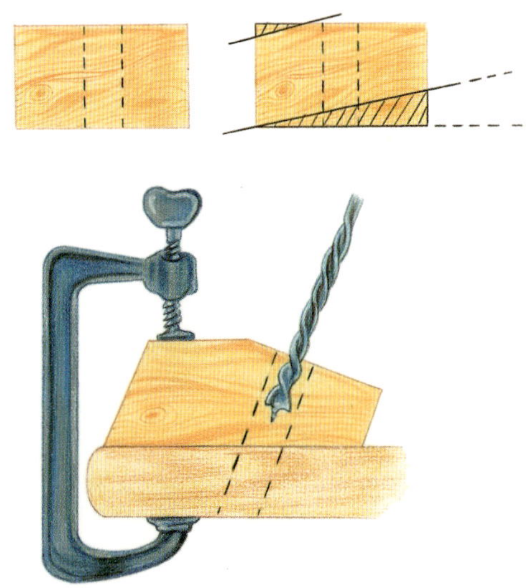

4 Noch genauer läßt sich allerdings mit einer selbstgebauten Bohrführung arbeiten, so wie sie hier abgebildet ist. Wenn die Führung sorgfältig gearbeitet und sicher am Werkstück mit einer Zwinge befestigt wurde, ist es ein leichtes, durch die Führung hindurch in die Sitzfläche des Schemels zu bohren.

5

5 Besitzen Sie eine Ständerbohrmaschine, ist es am besten, die Sitzfläche des Schemels entsprechend zu neigen und dann zu bohren. Dazu wird unter eine Seite der Sitzfläche ein Stück Restholz gelegt, um den erforderlichen Winkel zu erreichen. Eine weitere und sichere Methode ist die Konstruktion eines verstellbaren Arbeitstisches, wie er hier abgebildet ist. Legen Sie den Winkel des beweglichen Tischteiles mit einem Winkelmesser („Geo-Dreieck") fest, und fixieren Sie den Tisch mit einem entsprechend plazierten Stück Restholz. Reißen Sie auf der Oberfläche des Arbeitstisches eine senkrechte Mittellinie an, und richten Sie die Hilfslinien auf der Sitzfläche jeweils daran aus. So erhalten drei Löcher mit dem gleichen Winkel.

6

6 Bohren Sie drei Löcher mit einem Durchmesser von 25 mm durch die Sitzfläche. Am besten eignet sich dazu ein Forstner-Bohrer (vgl. Seite 96–97 für Hinweise zum Bohren).

7 Verputzen Sie die Sägekanten an der Sitzfläche, und fasen Sie sie an.

8

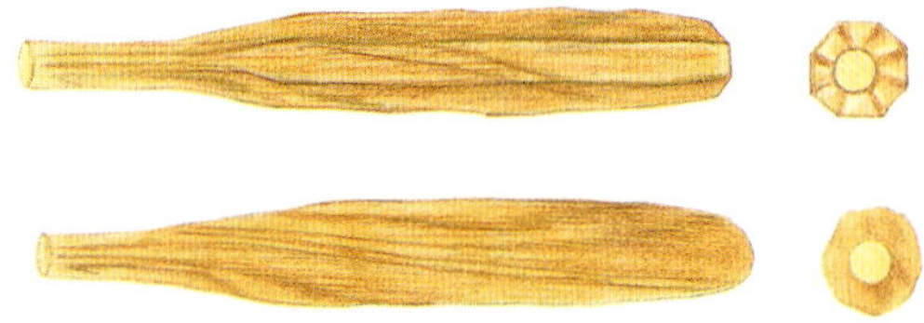

8 Als nächstes kommen die Beine. Diese können gedrechselt werden, falls eine Drechselbank vorhanden ist. Die entsprechenden Maße sind in der Abbildung angegeben. Häufig wurden die Beine aber auch mit dem Ziehmesser oder Schweifhobel hergestellt, wobei sie im Querschnitt entweder annähernd rund oder sechseckig gestaltet wurden. Die Arbeit läßt sich auch mit einem Hobel ausführen.

9

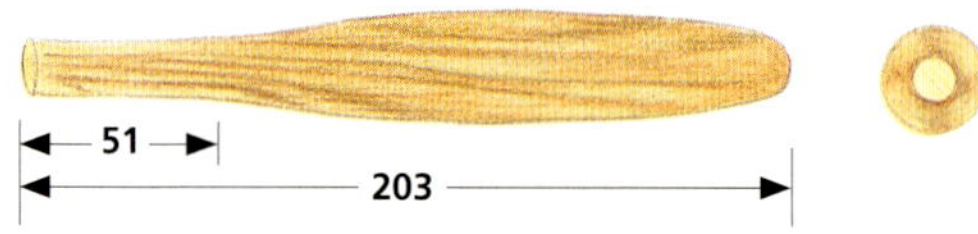

9 Unabhängig von der gewählten Arbeitsweise müssen die Beine an ihrem oberen Ende sich zu einem runden Zapfen verjüngen, der 25 mm im Durchmesser und etwa 51 mm in der Länge messen sollte. Diese Arbeit muß sehr sorgfältig ausgeführt werden, am besten geeignet ist ein Schweifhobel, man kann aber auch eine Raspel oder Feile verwenden.

10 Bearbeiten Sie jeden Zapfen einzeln, und kontrollieren Sie regelmäßig die Passung im entsprechenden Loch der Sitzfläche. Bedenken Sie, daß die Passung zwar gut sein sollte, sie aber nicht zu eng sein muß, da die Verbindung später noch durch einen Keil gesichert wird.

11

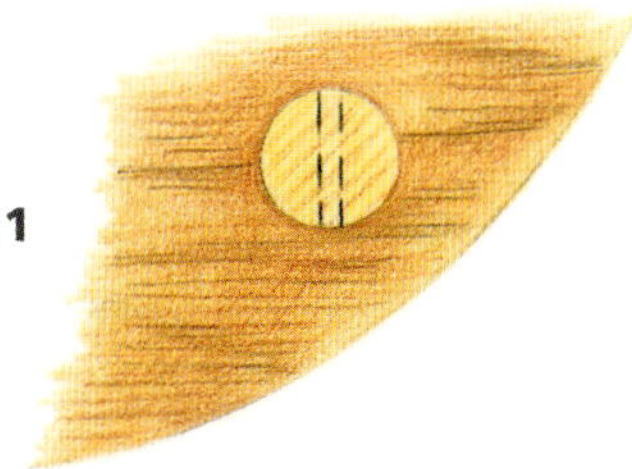

11 Wenn alle drei Beine eingepaßt sind, reißen Sie oben an den Zapfen Linien für die Keilschlitze an. Dabei ist es wichtig, daß der Schlitz senkrecht zur Faser des Holzes in der Sitzfläche verläuft. Widrigenfalls kann der beim Eintreiben des Keils auftretende Druck das Holz spalten.

12 Sägen Sie dann in jeden Zapfen einen 32 mm tiefen Schlitz für die Keile.

13

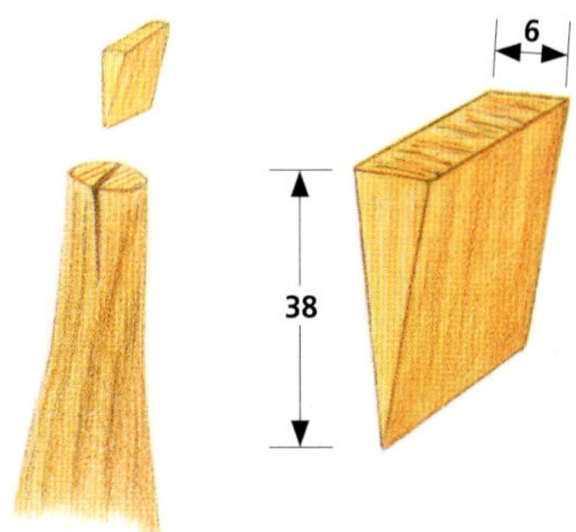

13 Stellen Sie drei Keile aus Hartholz mit den angegebenen Maßen her. Die Holzfasern sollten senkrecht und nicht über die Breite des Keils verlaufen. Sie können Keile aus anderem Holz verwenden, um durch die unterschiedlichen Holzfarben einen dekorativen Effekt zu erreichen.

14 Verputzen Sie alle Teile. Bereiten Sie die Montage des Melkschemels vor, indem Sie zuerst etwas Leim in jedes der drei Löcher in der Sitzfläche geben. Stecken Sie dann die Beine so durch die Löcher, daß der Zapfen etwas über die Oberfläche des Sitzes hinausragt.

15 Richten Sie die Beine so aus, daß die Keile im rechten Winkel zur Faser der Sitzfläche stehen (vgl. Schritt 11).

16

16 Stellen Sie den Hocker auf eine ebene Fläche, und setzen Sie die Keile in die Schlitze ein. Treiben Sie die Keile mit einem Hammer etwas in die Schlitze und dann reihum immer weiter hinein, bis sie fest sitzen. Ein Hammer ist wegen seines höheren Gewichtes für diese Arbeit besser geeignet als ein Holzklüpfel. Kontrollieren Sie, ob der Melkschemel stabil ist, und entfernen Sie überflüssigen Leim. Lassen Sie das Werkstück trocknen.

17 Sägen Sie nach dem Trocknen die überstehenden Teile der Zapfen so ab, daß sie fast mit der Sitzfläche bündig sind. Arbeiten Sie vorsichtig, damit die Oberfläche des Sitzes nicht beschädigt wird. Verputzen Sie die Zapfenenden mit einem scharfen Stechbeitel oder einem Hirnholzhobel.

18

18 Entfernen Sie mit der Säge/Raspel die inneren Kanten an den unteren Enden der Beine, so daß sie eine Standfläche erhalten, die parallel zum Boden verläuft. Schleifen Sie den gesamten Schemel ab und behandeln ihn mit einem geeigneten Oberflächenmittel (vgl. Seite 108–113). Traditionell wurden Melkschemel unbehandelt gelassen.

Traditionelles Spiel-Windrad

SCHWIERIGKEITSGRAD
Leicht/Mittel

GRÖSSE
508 x 457 x 38 mm

MATERIAL
Holz, wetterfestes Sperrholz, Metall

STÜCKLISTE
HOLZ
1 Grundplatte
406 x 25 x 22 mm
1 Lagerblock
76 x 25 x 22 mm
1 Achsenlager
76 x 38 x 22 mm
1 Propellernabe
76 x 76 x 25mm
4 Dübelstücke
127 x 12 mm Durchmesser
1 kleine Holzperle

WETTERFESTES SPERRHOLZ (ODER HOLZ)
Figurenteile, Axt, Propellerflügel, Windfahne, Hackklotz
610 x 305 x 6 mm

METALL
1 Gewindestange
140 x 6 mm Durchmesser
6 Muttern und Unterlegescheiben
6 mm Durchmesser (passend zur Gewindestange)
1 große Unterlegscheibe
6 x 38 mm Außendurchmesser
1 Messingrohr
127 x 8 mm Außendurchmesser
1 Gewindeschraube
51 x 4 mm Durchmesser
1 Mutter und 4 Unterlegscheiben
(passend zur Gewindeschraube)
1 kleine Schrauböse, verschiedene Nägel und Schrauben für die Montage
1 Stück steifer Draht als Verbindungsstange

HINWEISE
Verwenden Sie für die Montage wetterfesten Leim. Die Gewindestange (Antriebsstange) muß sich frei im Messingrohr drehen können. Der Antrieb sollte in regelmäßigen Abständen geölt werden. Es kann auch nicht schaden, als längerfristigen Schutz vor der Endmontage etwas Vaseline auf die Gewindestange aufzutragen.
Vgl. Schablone auf Seite 122.

Maßangaben in mm

Windräder können in vielen verschiedenen Formen auftreten. Sie können von den verschiedensten Propellertypen angetrieben werden, und auch bei den angetriebenen Figuren und Maschinen sind der Phantasie kaum Grenzen gesetzt. Manchmal grenzt der Ausdruck Spielzeug schon an Untertreibung. Ob es nun verspielte Wetterfahnen sind oder wahre windgetriebene Wunderwerke, oft sind sie in leuchtenden Farben lackiert. Sie unterliegen keinen funktionalen Rücksichten, sondern sollen nur und ausschließlich unterhalten und den Betrachter erfreuen. Solche auf Englisch „Whirligigs" genannten Windräder waren vor allem im 19. Jahrhundert in den USA sehr beliebt und erleben heute eine kleine Renaissance.

Arbeitsweise

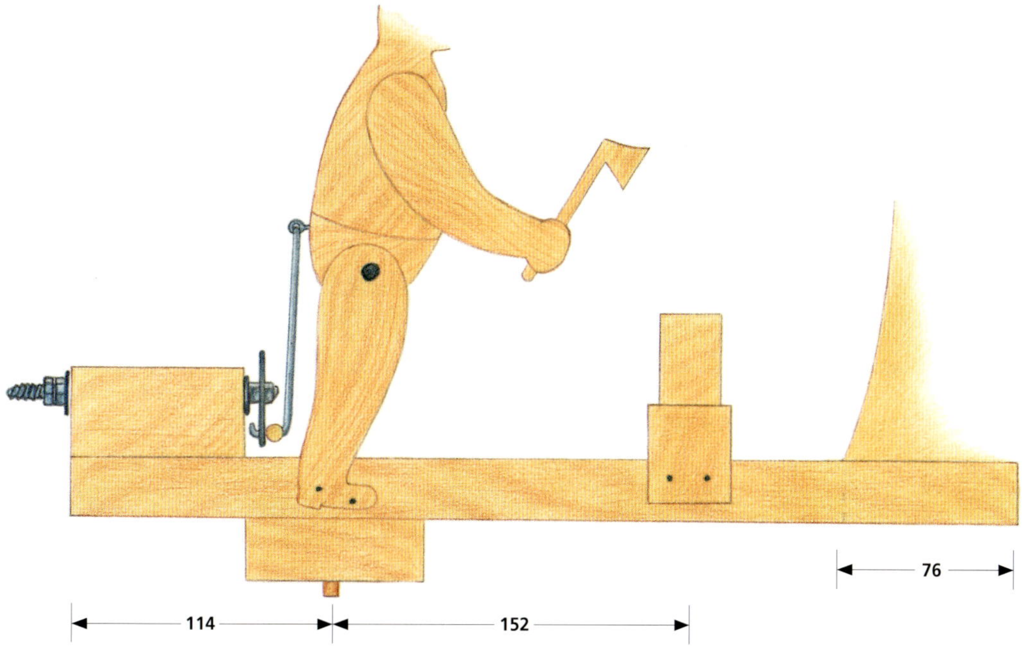

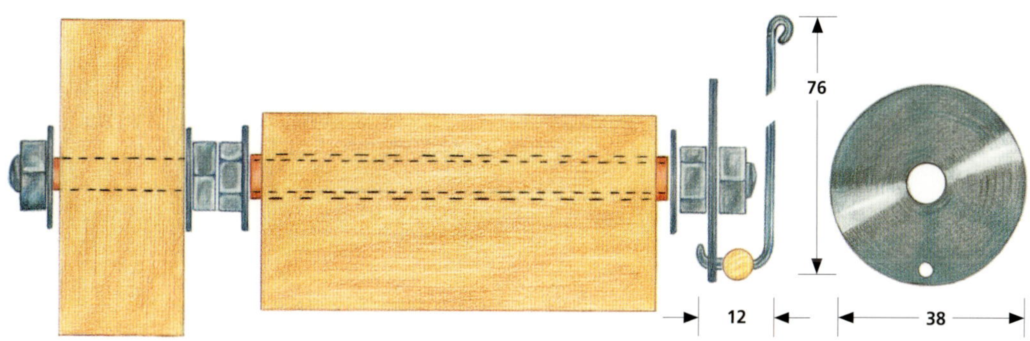

1 Verwenden Sie die Schablone auf Seite 122, um die Teile der Figur (ein Körper- und zwei Hüftteile, zwei Beine und zwei Arme) anzureißen und dann auszuschneiden. Säubern Sie alle Sägekanten.

2

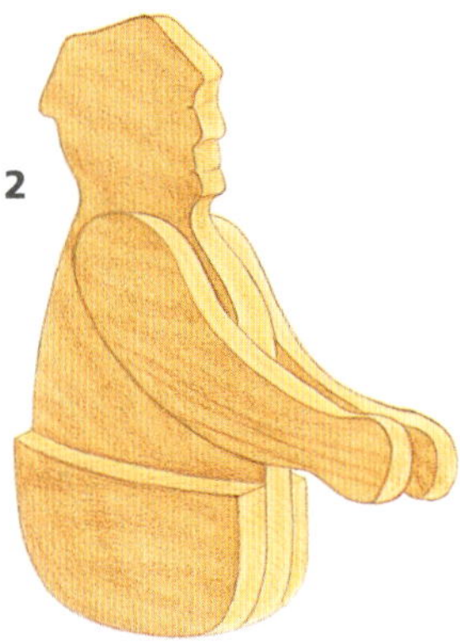

2 Leimen sie jeweils einen Arm und ein Hüftteil an einer Seite des Körpers fest. Fixieren Sie die Teile mit Zwingen, bis der Leim trocken ist.

3

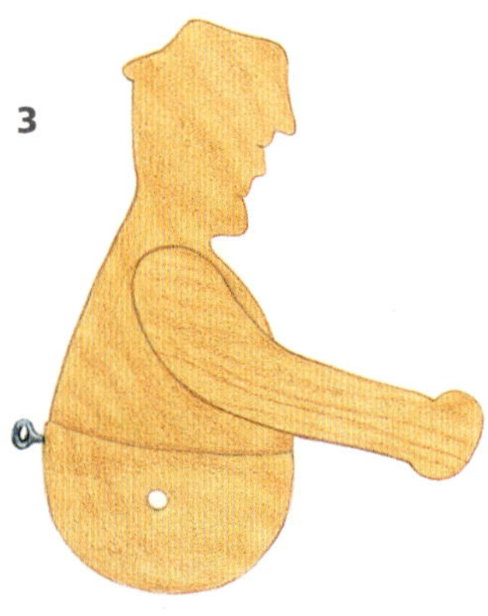

3 Wenn die Figur trocken ist, bohren Sie ein Loch als Aufnahme für die 4-mm-Gewindeschraube. Richten Sie auch die Beine bei dieser Gelegenheit passend aus, und bohren Sie entsprechende Löcher durch sie hindurch.

4

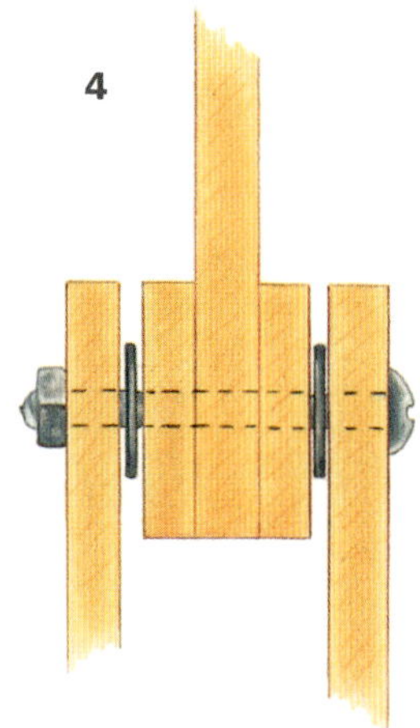

4 Befestigen Sie die Beine mit der Gewindeschraube an der Figur. Bringen Sie wie abgebildet auch die Unterlegscheiben an, um die Reibung zu vermindern. Kontrollieren Sie, daß sich die Teile frei bewegen können, und legen Sie die Figur vorerst beiseite.

5 Verwenden Sie die Schablone auf Seite 122, um die restlichen Sperrholz-/Holzteile anzureißen und dann auszuschneiden. Glätten Sie die Sägekanten.

6

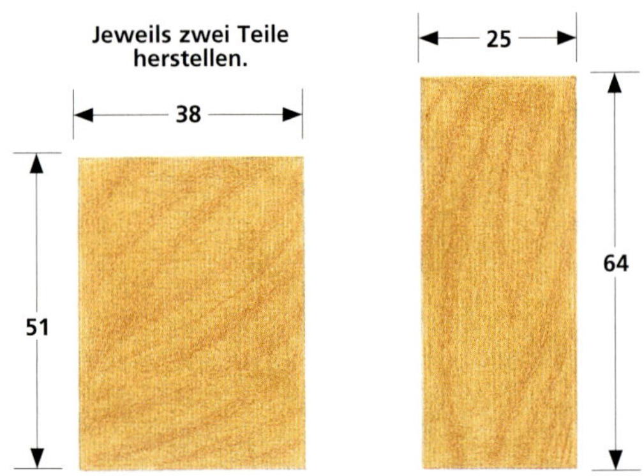

6 Schneiden Sie aus dem gleichen Material die Teile des Hackklotzes zu. Verleimen Sie die Teile, wie in der Abbildung zu Schritt 14 gezeigt.

7

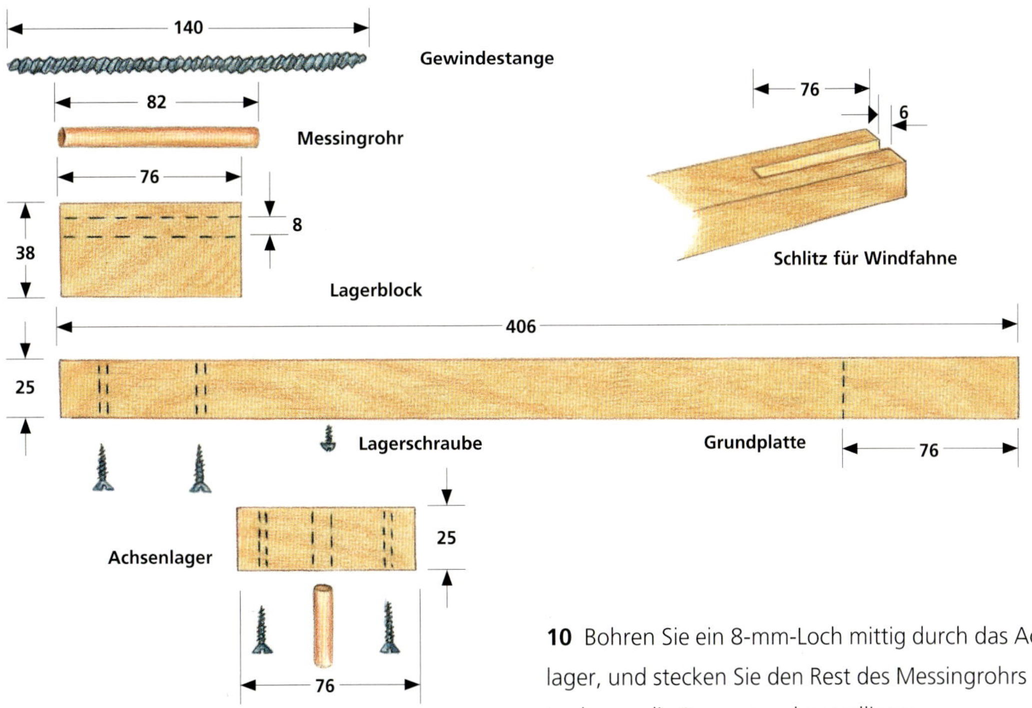

10 Bohren Sie ein 8-mm-Loch mittig durch das Achsenlager, und stecken Sie den Rest des Messingrohrs in das Loch, um die Passung zu kontrollieren.

7 Längen Sie Grundplatte, den Lagerblock und das Achsenlager ab. Bringen Sie an einem Ende der Grundplatte einen 6 mm breiten Schlitz an, der später die Windfahne aufnimmt. Bohren Sie dann vorsichtig der Länge nach ein 8-mm-Loch durch den Lagerblock.

8 Schneiden Sie ein 82 m langes Stück des Messingrohrs zu, und schieben Sie es durch das Loch im Lagerblock, so daß es gleichmäßig an beiden Seiten übersteht. Feilen Sie die Enden des Rohrs glatt.

9 Bohren Sie außen in die große Unterlegscheibe ein 3-mm-Loch als Aufnahme für die Verbindungsstange. Stecken Sie die Gewindestange durch das Messingrohr, und montieren Sie die Unterlegscheiben, Muttern und große Unterlegscheibe wie in der Abbildung dargestellt. Ziehen Sie die Muttern nicht zu fest an. Vergewissern Sie sich, daß sich die Gewindestange frei drehen kann.

11 Befestigen Sie die beiden Lagerblöcke nun mit Leim und Schrauben an der Grundplatte (vgl. die Abbildung oben und auf Seite 31). Um die Reibung im Achsenlager nach der Montage zu vermindern, bringen Sie eine Rundkopfschraube an der Unterseite der Grundplatte an, bevor Sie das Achsenlager befestigen.

12 Befestigen Sie die Figur wie abgebildet mit Leim und Nägeln an der Grundplatte. Schrauben Sie die kleine Schrauböse in den Rücken der Figur (an der Stelle, die in der Abbildung zu Schritt 3 gezeigt ist), und schneiden und biegen Sie dann die Verbindungsstange zurecht – die angegebenen Maße sollen nur als Anhaltspunkte dienen: Verändern Sie sie, falls notwendig. Bringen Sie die kleine Holzperle an, die dafür sorgt, daß die Verbindungsstange nicht an die Antriebsstange stößt. Befestigen Sie die Verbindungsstange an der großen Unterlegscheibe und an der Figur.

13 Prüfen Sie die Beweglichkeit der Antriebsachse und der Figur, und verändern Sie gegebenenfalls die Länge der Verbindungsstange.

14

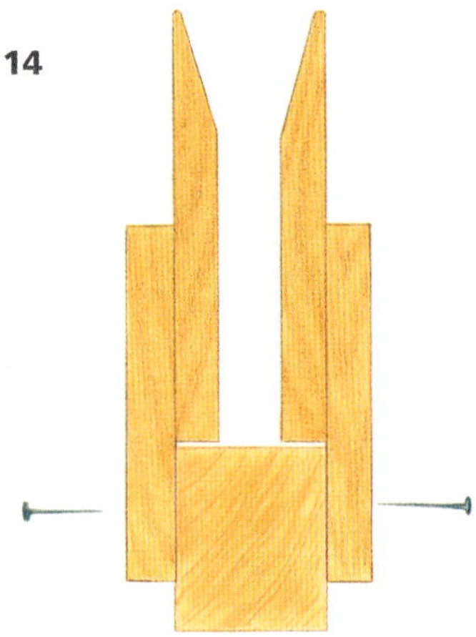

14 Bringen Sie oben am Hackklotz eine tiefe V-förmige Kerbe an, und stellen Sie den Hackklotz auf die Grundplatte – vorerst noch, ohne ihn festzuleimen. Befestigen Sie dann die Axt provisorisch an den Händen der Figur. Drehen Sie die Antriebsachse, um die Bewegung der Axt im Verhältnis zum Hackklotz zu überprüfen. Die Achse sollte teilweise in die Kerbe hineintauchen, ohne den Hackklotz zu berühren. Verändern Sie die Stellung der Axt und des Hackklotzes falls nötig, und befestigen Sie die beiden Teile dann mit Leim und Drahtstiften.

15 Stellen Sie die vier Propellerblätter wie abgebildet her. Die richtige Form und Größe der Propellernabe und -blätter läßt sich wie die anderen Details aus den Schablonen auf Seite 122 ablesen.

16

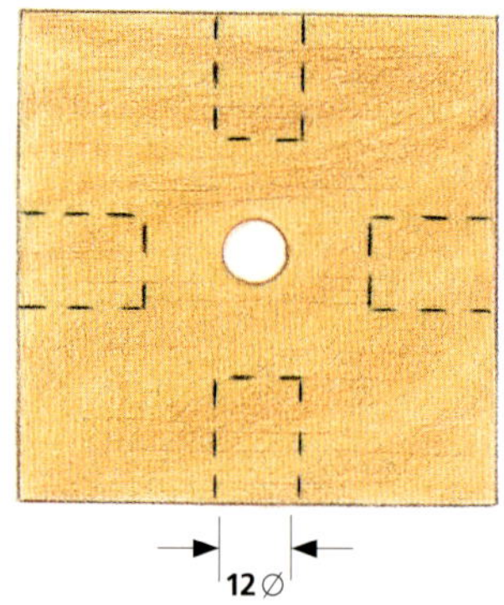

16 Die Löcher lassen sich am leichtesten bohren, solange die Nabe noch rechteckig ist. Reißen Sie das durchgehende Mittelloch (8 mm Durchmesser) für die Antriebsachse und die vier seitlichen Löcher (19 mm tief, 12 mm Durchmesser) für die Propellerarme sorgfältig an, und bohren Sie dann die Löcher. Runden Sie die Nabe entweder zu einer Kreisform ab, oder lassen Sie sie quadratisch.

17

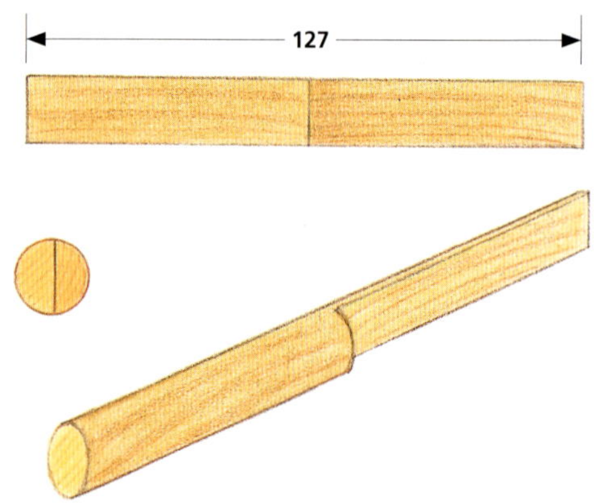

17 Überprüfen Sie, daß die Dübel, die als Propellerarme dienen sollen, in die entsprechenden Löcher in der Nabe passen, und entfernen Sie dann, wie aus der Abbildung zu ersehen, auf einer Seite jedes Dübels die Hälfte des Holzes. Die Abflachungen, die dadurch entstehen, dienen als Aufnahme für die Propellerblätter. Die unteren Kanten der Blätter sollten nicht näher als 76 mm an den Mittelpunkt der Nabe heranreichen.

18 Leimen Sie die Propellerblätter an den Dübeln fest, und sichern Sie sie mit kleinen Drahtstiften. Seien Sie vorsichtig, damit die Drahtstifte das Holz der Dübel nicht spalten (vgl. Seite 99). Lassen Sie den Leim trocknen, bevor Sie mit dem nächsten Schritt weitermachen.

19

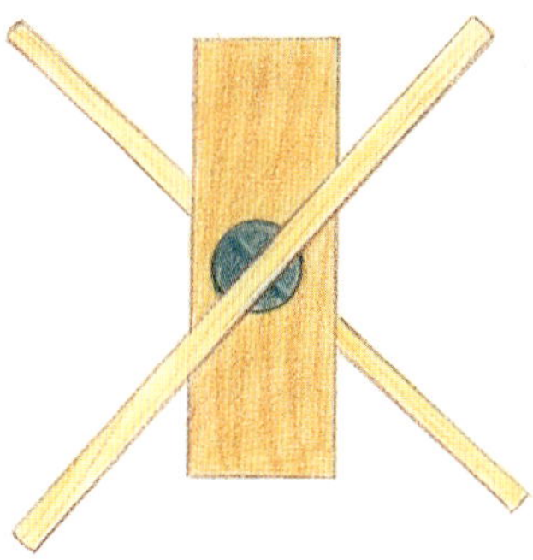

19 Stecken Sie die Propellerarme trocken (ohne Leim) in die entsprechenden Löcher. Drehen Sie die Arme so, daß die einander gegenüber liegenden Propellerblätter jeweils in einem Winkel von etwa 45° zueinander stehen. Leimen Sie die Arme in dieser Stellung fest. Kontrollieren Sie, ob der Propeller ausgewuchtet ist, indem Sie ihn auf einem Reststück Draht oder einem hinreichend großen Nagel frei drehen lassen. Falls eines der Blätter schwerer ist als die anderen, wird es immer unten stehen bleiben. Entfernen Sie gegebenenfalls Holz von den Blättern, bis sie richtig ausbalanciert sind. Befestigen Sie dann den Propeller mit Muttern an der Antriebsachse.

20 Passen Sie die Windfahne in den Schlitz der Grundplatte ein, und befestigen Sie sie mit Leim und Nägeln. Die Windfahne sorgt dafür, daß der Propeller immer in Windrichtung zeigt. Wenn der Leim getrocknet ist, probieren Sie das Windrad draußen bei Wind aus. Es kann notwendig sein, kleinere Änderungen vorzunehmen, damit sich alle mechanischen Teile ungehemmt bewegen können.

21 Soll das Windrad im Freien aufgestellt werden, muß es gut grundiert und dann mit einer hochwertigen Ölfarbe lackiert werden. Sie können ein realistisches Farbschema verwenden, wie das auf Seite 30 gezeigte, das Erdtöne verwendet, Sie können aber auch verspieltere, buntere Farben verwenden. Achten Sie darauf, daß die Farbe nicht die beweglichen Teile verklebt.

22 Montieren Sie das Windrad, nachdem die Farbe getrocknet ist, auf einer geeigneten senkrechten Achse, einer Stahlstange etwa, oder einem Nagel, der oben in einen Pfosten getrieben worden ist.

23 Der Antrieb des Windrades sollte in regelmäßigen Abständen geölt werden. Es kann auch nicht schaden, als längerfristigen Schutz vor der Endmontage etwas Vaseline auf die Gewindestange aufzutragen.

Holzlöffel und Löffelgestell

LÖFFELGESTELL

SCHWIERIGKEITSGRAD
Leicht/Mittel

GRÖSSE
330 x 229 x 143 mm

MATERIAL
Kiefer, Kirsche

STÜCKLISTE
1 Vorderteil
203 x 152 x 10 mm
1 Rückwand
203 x 152 x 10 mm
2 Seitenteile
229 x 143 x 10 mm
2 Stufenvorderteile
222 x 38 x 10 mm
3 Stufenoberteile
229 x 47 x 10 mm

Vgl. Schablone für das Vorderteil und die Rückwand auf Seite 118.

LÖFFEL

SCHWIERIGKEITSGRAD
Leicht/Mittel

GRÖSSE
254 x 64 x 38 mm

MATERIAL
Platane, Linde, Buche

STÜCKLISTE
254 x 64 x 38 mm

Maßangaben in mm

Der einfache Holzlöffel war eines der frühsten Küchengeräte. Auch heute wird er noch verwendet, ja er wird sogar empfohlen, da er im Gegensatz zu Löffeln aus Metall die Töpfe und Pfannen nicht zerkratzt. Allerdings sind Holzlöffel, wie man sie heute kaufen kann, nur noch ein Schatten ihres früheren Selbst. Sie sind nicht nur einheitliche Erzeugnisse der Massenproduktion, sie sind darüber hinaus auch flach und uninteressant. Alte Kochlöffel unterscheiden sich jedoch enorm voneinander. Oft sind sie sehr ansprechend geformt, mit tiefen Laffen, manche wurden vielleicht als dekorative Geschenke hergestellt, und alle entstanden in Handarbeit. Solche Löffel wurden meist in kleinen, offenen Gestellen aus Holz aufbewahrt, die an der Wand aufgehängt wurden. So waren sie immer schnell zur Hand, und wirkten nebenbei auch noch als Dekor.

Arbeitsweise Löffelgestell

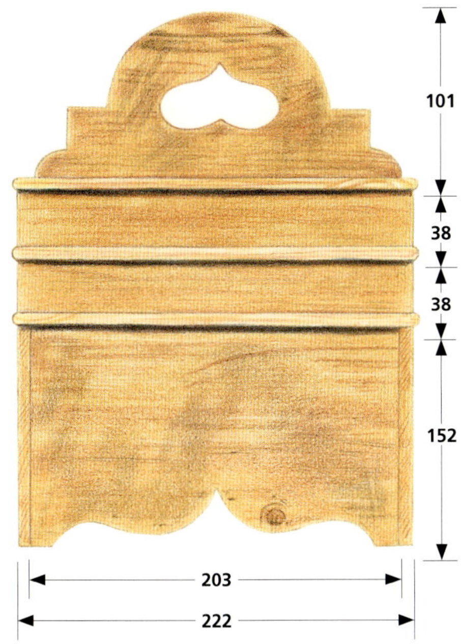

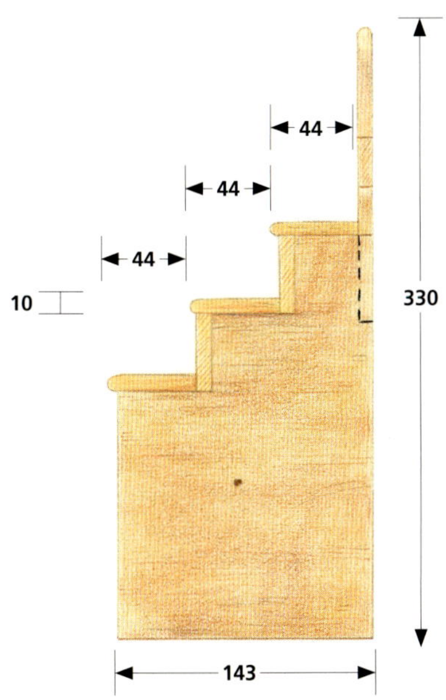

1 Reißen Sie die einzelnen Teile an, und schneiden Sie sie aus.

2 Reißen Sie an den beiden Seitenteilen die Stufen an. Gehen Sie beim Abmessen und Anreißen sorgfältig vor, um sicherzustellen, daß die einzelnen Teile bei der Montage zusammenpassen.

3 Schneiden Sie die Seitenteile, so wie in der Abbildung gezeigt, zu. Die Sägekanten werden zwar später verdeckt, es ist aber angebracht, sie zu verputzen, damit die Stufenvorder- und -oberteile später gut verleimt werden können.

4 Vergrößern Sie die Schnittvorlagen für das Vorderteil und die Rückwand auf Seite 118, und pausen Sie die Muster auf die entsprechenden Holzteile durch.

5 Schneiden Sie diese Teile zu (vgl. Seite 94 für Hinweise zum Sägen von Holz). Bohren Sie ein Loch, und sägen Sie den Durchbruch mit der Laubsäge aus.

6 Verputzen Sie die Teile, und schleifen Sie alle Oberflächen.

7

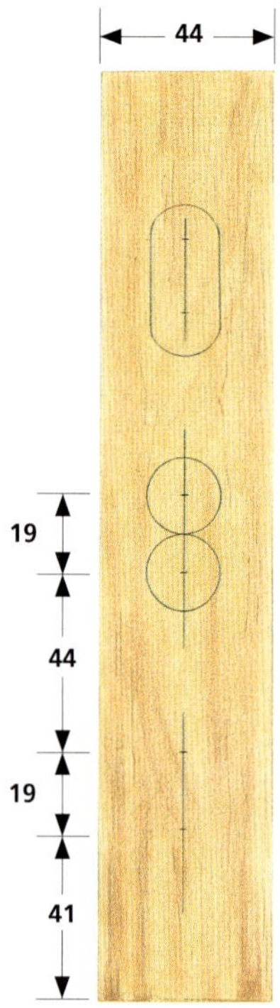

7 Reißen Sie die Öffnungen an den Stufenoberteilen wie abgebildet an – Sie können natürlich auch Ihre eigene Kombination aus Löchern und Schlitzen verwenden.

8 Bohren oder sägen Sie die Öffnungen. Bohren Sie in ein Stück Restholz, damit die Unterseiten der Bohrlöcher nicht ausreißen. Schleifen Sie alle rauhen Kanten.

9 Runden Sie die Vorder- und Seitenkanten der Stufenoberteile ab, oder versehen Sie sie mit einer Fase.

10 Kontrollieren Sie alle Teile auf Passung; besonders die beiden Stufenvorderteile müssen sauber unter den Überhang der Stufenoberteile passen.

11 Verputzen Sie die Teile, und entfernen Sie alle Bleistiftmarkierungen vor der Montage.

12

12 Fügen Sie die Teile des Löffelgestells mit Leim und Nägeln zusammen (vgl. Seite 99–100 für Hinweise). Montieren Sie zuerst das Vorderteil zwischen die beiden Seitenteile, und fügen Sie dann die Rückwand hinzu.

13

13 Bringen Sie als nächstes die beiden Stufenvorderteile an und dann, unten beginnend, die drei Stufenoberteile.

14 Entfernen Sie überschüssigen Leim. Treiben Sie die Nägelköpfe unter die Holzoberfläche, und füllen Sie die Löcher. Lassen Sie das Werkstück trocknen.

15 Verputzen Sie das Gestell, und bringen Sie ein Oberflächenmittel Ihrer Wahl auf (vgl. Seite 108–113 für verschiedene Möglichkeiten).

Arbeitsweise Löffel

1 Holzlöffel wurden üblicherweise hergestellt, indem man einen kleinen Platanen-Stammabschnitt (etwa 100 mm Durchmesser) längs halbierte und dann die äußere Form grob mit einer scharfen, kurzstieligen Axt herausarbeitete.

2

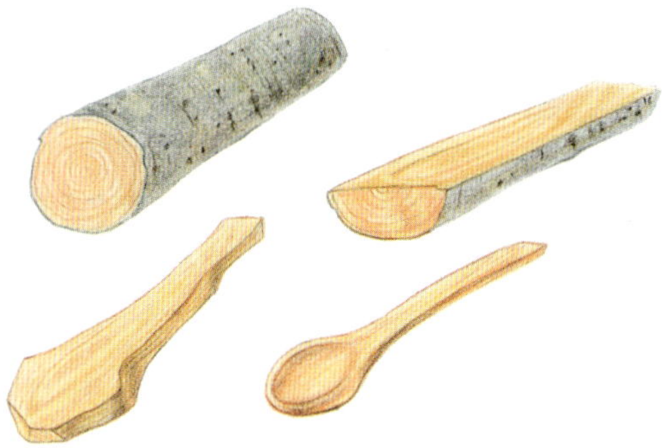

2 Danach wurde die Laffe mit einem besonderen Messer mit gekrümmter Klinge ausgehöhlt. Das traditionelle Werkzeug war in Wales das sogenannte „twca cam", es hatte eine kurze Hakenklinge und einen etwa 450 mm langen Griff. Heute sind Schnitzmesser mit Hakenklinge (oft aus schwedischer Produktion) leicht zu erhalten, sie eigenen sich sehr gut für diesen Zweck.

3 Die abschließende Formgebung und das Glätten wurden mit einem weiteren Messer und mit dem Schweifhobel durchgeführt.

4 Heute kann man den Löffel mit der Säge und einem gekrümmten Hohleisen herstellen. Am geeignetesten sind die langen, gekrümmten Schnitzeisen, mit denen konkave Formen ausgehöhlt werden. Ein mittelgroßes Eisen mit mittlerer Krümmung ist am besten, ein 19-mm-Eisen mit Stich 6 ist gut geeignet. Sie müssen jedoch darauf achten, daß das Eisen gut geschärft ist (vgl. Seite 98 für Hinweise).

5 Bei diesem Verfahren wird zuerst die Laffe ausgehöhlt, bevor das Äußere geformt wird. So kann das Werkstück sicher fixiert werden, während man die Laffe aushöhlt.

6

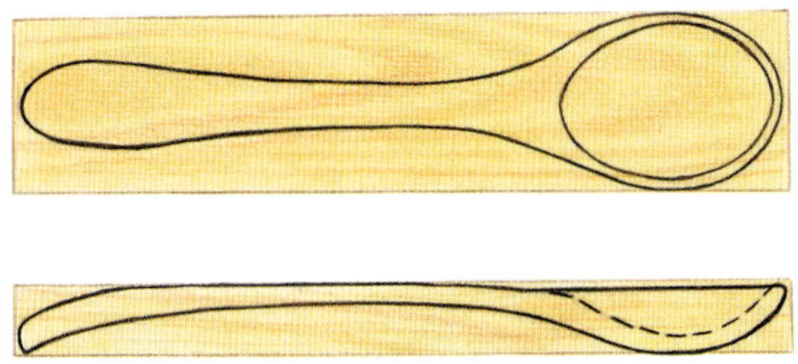

6 Suchen Sie ein geeignetes Holzstück aus, und reißen Sie die Form des Löffels an. Befestigen Sie den Rohling mit einer Zwinge an der Werkbank, so daß er bequem zu bearbeiten ist.

7 Beginnen Sie in der Mitte der Laffe, und arbeiten Sie kreisförmig nach außen. Entfernen Sie mit schaufelnder Bewegung den Verschnitt, indem Sie die Schneide in das Holz eintauchen und jeweils einen kleinen Holzspan ausheben. „Graben" Sie sich nicht in das Holz ein, und schneiden Sie nicht zu tief. Versuchen Sie, schon mit dem (scharfen) Schnitzeisen eine gute Oberfläche zu erhalten.

8 Nehmen Sie das Werkstück aus der Zwinge, und sägen Sie das Äußere des Löffels zu (vgl. Seite 94 für Hinweise zum Sägen von Holz).

9 Geben Sie dem Äußeren seine endgültige Form, entweder mit einem Schnitzmesser oder mit Raspel und Feile. Glätten Sie abschließend die Oberfläche mit feinem Schleifpapier, falls notwendig. Die Werkzeugspuren können aber auch belassen werden, um dem Löffel mehr Charakter zu verleihen.

10 Die Oberfläche nicht mit Oberflächenmitteln behandeln. Holzlöffel nach Gebrauch spülen und gelegentlich scheuern. Lassen Sie sie nicht für längere Zeit im Wasser liegen.

11 Versuchen Sie sich auch an einigen der anderen Entwürfen, die auf der Fotografie auf Seite 36 zu sehen sind. Die Löffelstiele waren manchmal mit einfachen Schnitzereien geschmückt, auch damit können Sie experimentieren.

Schaufeln, Schöpfkellen und -löffel

SCHWIERIGKEITSGRAD
Leicht/Mittel

GRÖSSE
305 x 152 x 76mm

MATERIAL
Platane, Buche, Linde

STÜCKLISTE
Mehlschaufel
254 x 127 x 64 mm
Große Schöpfkelle
254 x 152 x 101 mm
Schöpflöffel mit Tülle
330 x 127 x 76 mm

Maßangaben in mm

Vor dem Aufkommen der Kunststoffe und des Edelstahls spielten Schaufeln, Schöpfkellen und Schöpflöffel aus Holz eine wichtige Rolle bei der Zubereitung und dem Servieren von Speisen und Getränken. Holzschaufeln waren meist breiter und flacher und besaßen einen kurzen Stiel. Sie wurden vor allem zum Schütten von Mehl, Hülsenfrüchten und Kräutern verwendet, während Schöpfkellen und -löffel mit ihren längeren Stielen eher für Flüssigkeiten da waren. Tüllen erlauben das genauere Ausgießen der Flüssigkeit, und an den Hakenstielen konnte der Löffel aufgehängt oder über den Rand eines Gefäßes gehängt werden. Der kurze, stark gebogene Stiel der großen Schöpfkelle bildet mit dem Boden der Laffe zusammen eine stabile Auflagefläche, wenn man die Kelle auf eine ebene Fläche stellt. Obwohl diese Schaufeln, Kellen und Löffel meist unverziert blieben, wurden sie gelegentlich doch mit Schnitzereien versehen.

Arbeitsweise

1 Bei dem traditionellen Verfahren wurde ein kleiner Stammabschnitt als Rohling verwendet. Oft handelte es sich dabei um Grünholz, also nicht getrocknetes oder abgelagertes Material. Der Rohling wurde in zwei Teile gespalten, aus denen mit einer kurzstieligen, sehr scharfen Axt jeweils eine Kelle oder Schaufel geformt wurde.

2 Das Innere der Laffe wurde dann mit verschiedenen Werkzeugen ausgehöhlt, zu denen gebogene Schnitzeisen, Hakenmesser und bei größeren Werkstücken auch kleine Dechsel gehören konnten. Die Laffe wurde dann mit einem Hohleisen oder in manchen Gegenden (Wales zum Beispiel) auch mit einem besonderen Hakenmesser abgeschlossen. Ein langgekröpftes (gebogenes) Hohleisen, wie es von Holzschnitzern verwendet wird, eignet sich gut für diese Aufgabe. Die äußere Form wurde mit einem Messer mit kurzer Klinge oder mit der Ziehklinge oder dem Schweifhobel herausgearbeitet.

3 Die Holzhandwerker der Vergangenheit gingen mit diesen Werkzeugen sehr geschickt um, ohne sich selbst zu gefährden. Dem Anfänger ist aber anzuraten, sicherere Arbeitsweisen anzuwenden, zumindest bis er etwas an Erfahrung gewonnen hat.

4 Zu den moderneren Arbeitsweisen gehört die Verwendung von gesägtem Holz, auf dem die Umrisse des Werkstückes angerissen und dann mit der Hand- oder elektrischen Bandsäge ausgeschnitten werden. Die Innenform der Laffe wird ausgehöhlt, während das Werkstück sicher an der Werkbank fixiert ist.

Mehlschaufel (Raster = 25 mm)

1

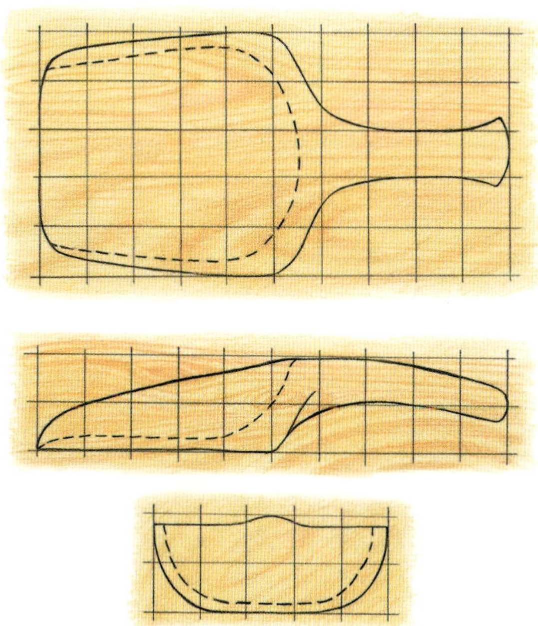

1 Vergrößern Sie die Abbildung oben, und übertragen Sie die Form auf das Holzstück, aus dem die Mehlschaufel entstehen soll. Arbeiten Sie zuerst nur die waagerechte Form heraus, die in der Draufsicht gezeigt wird. Falls Sie mit der Handsäge arbeiten, stellen Sie sicher, daß der Rohling sicher fixiert ist.

2

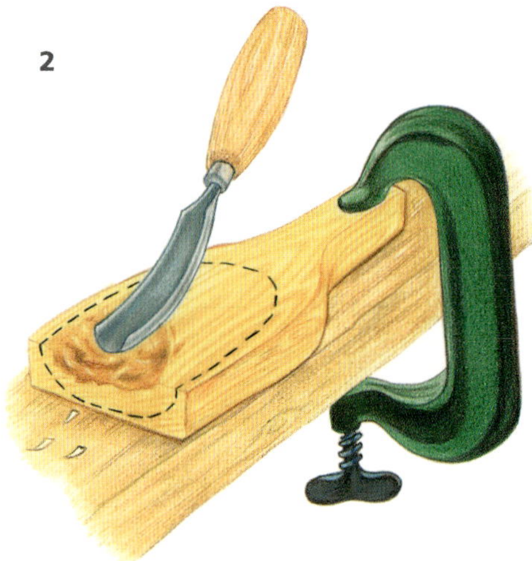

2 Befestigen Sie das Werkstück am Stielteil, und höhlen Sie die Laffe mit dem Hohleisen aus. Fangen Sie am vorderen (offenen) Ende der Schaufel an, und arbeiten Sie sich nach und nach auf den Stiel zu. Tragen Sie immer mehr vom Verschnitt ab. Arbeiten Sie gegen Schluß mit leichteren, längeren Schnitten, damit die Oberfläche des Holzes möglichst glatt wird.

3 Sind Sie mit der Innenform und der Oberfläche der Laffe zufrieden, reißen Sie die Seitenansicht an, und entfernen Sie den Verschnitt bis zum Anriß (vor allem unter dem Stiel). Die Arbeit läßt sich am besten und sichersten mit der Handsäge ausführen. Formen Sie das Äußere mit dem Schweifhobel oder mit Raspel und Feile zu Ende. Geben Sie dann dem Stiel seine endgültige Form, und arbeiten Sie an der Öffnung der Laffe eine widerstandsfähige Kante an.

4 Schleifen Sie abschließend die Mehlschaufel, bis die Oberflächen glatt sind.

Große Schöpfkelle (Raster = 25 mm)

1

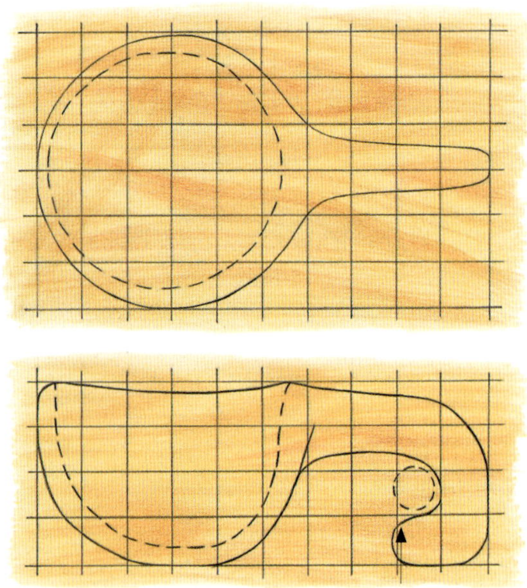

1 Sie benötigen wegen der großzügigen Formgebung einen großen Rohling für die Schöpfkelle. Reißen Sie wie bei der Mehlschaufel die Umrisse in der Draufsicht und in der Seitenansicht an, sägen Sie die äußere Form aber nicht aus, bevor die Laffe ausgehöhlt ist.

2

2 Spannen Sie den Rohling an der Werkbank ein, und höhlen Sie mit einem Schnitzeisen die Laffe aus. Beginnen Sie in der Mitte und entfernen kreisförmig nach außen hin den Verschnitt. Arbeiten Sie mit schaufelnden Bewegungen, nehmen Sie notfalls einen Holzklüpfel zu Hilfe. Achten Sie darauf, daß sich das Hohleisen nicht ins Holz eingräbt.

3

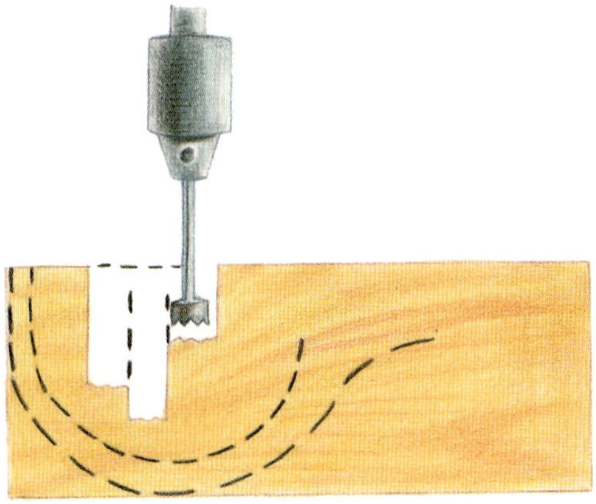

3 Alternativ können Sie auch einen Teil des Verschnitts durch ausbohren entfernen. Arbeiten Sie die endgültige Form mit dem Hohleisen oder dem Hakenmesser heraus.

4 Wenn Sie mit der Laffe zufrieden sind, sägen Sie die äußere waagerechte Form aus, und reißen Sie die Seitenansicht an. Fangen Sie mit der äußeren Formgebung an, indem Sie durch das Werkstück bohren, um das Innere des Hakens am Stiel zu formen (vgl. das 25-mm-Loch in der Abbildung). Sägen Sie den Verschnitt außerhalb der Anrißlinien ab.

5 Formen Sie mit den Werkzeugen Ihrer Wahl das Äußere der Laffe und des Stiels. Arbeiten Sie den Haken des Stiels recht kräftig heraus, damit er nicht am „kurzen Holz" in der Krümmung bricht. Die untere Fläche des Hakens sollte gerade sein, damit sie zur Standfestigkeit der Schöpfkelle beiträgt, wenn diese abgelegt wird. Schleifen Sie die Oberflächen abschließend glatt.

Schöpflöffel mit Tülle (Raster = 25 mm)

1

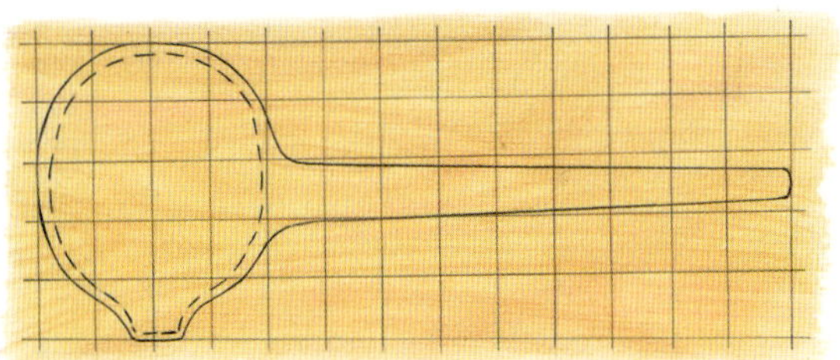

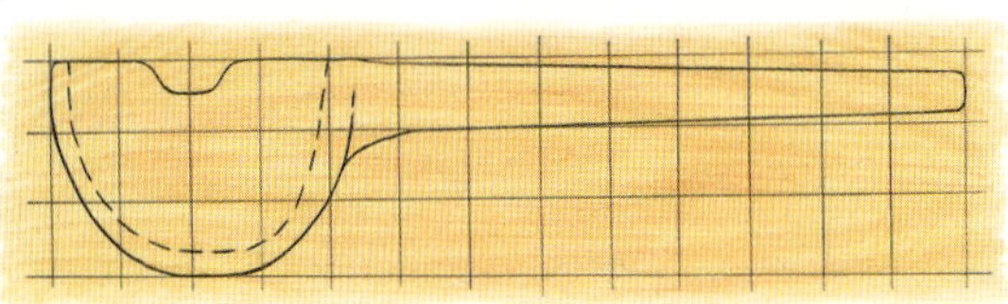

1 Der Schöpflöffel mit Tülle hat eine flachere Laffe und einen langen, runden Stiel. Am sichersten läßt sich das Stück bearbeiten, indem man den Rohling einspannt und zuerst die Laffe ausarbeitet. Erfahrenere Handwerker ziehen vielleicht die traditionelle Methode vor und halten den Rohling in der Hand, während sie mit dem Hohleisen oder Messer schnitzen.

2 Reißen Sie die Draufsicht und die Seitenansicht an, und spannen Sie den Rohling an der Werkbank ein. Höhlen Sie die Laffe aus, wie es bei der großen Schöpfkelle angegeben ist. Gehen Sie beim Formen der Tülle vorsichtig vor, und lassen Sie sie in diesem Stadium noch etwas größer.

3 Sind Sie mit der Form der Laffe zufrieden, sägen Sie den Verschnitt in der Drauf- und Seitenansicht ab. Belassen Sie den Stiel vorerst noch mit einem rechteckigen Querschnitt, und arbeiten Sie erst die äußere Form der Laffe heraus. Formen Sie die Tülle besonders sorgfältig, damit sie auch wirklich zum Gießen verwendet werden kann.

4 Formen Sie anschließend den runden Stiel mit dem Messer, Schweifhobel oder der Raspel. Verstärken Sie den Stiel etwas, wo er auf die Laffe trifft, damit er stabiler wird. Schleifen Sie abschließend die Oberflächen glatt.

5 Wie Löffel und Schneidbretter (vgl. Seite 39 und 45), sollten auch Schaufeln und Kellen nicht oberflächenbehandelt werden. Sie werden gereinigt, indem man sie abspült und gelegentlich scheuert. Lassen Sie sie nicht für längere Zeit im Wasser liegen.

6 Handwerklich gute Arbeit zeichnet sich durch gelungene Proportionen und Laffenkanten aus, die kräftig, aber nicht zu dick sind. Eine abschließende Bearbeitung mit scharfen Werkzeugen ergibt eine ansprechendere Oberfläche, als das zu gleichmäßige Glätten mit Schleifpapier.

Schneidbretter

SCHWIERIGKEITSGRAD
Leicht/Mittel

GRÖSSE
305 x 254 x 25 mm

MATERIAL
Platane, Buche, Ahorn, Kiefer

STÜCKLISTE
A 305 x 254 x 25 mm
B 355 x 203 x 25 mm
C 254 x 254 x 25 mm

Vgl. Schablone Seite 118–119 für den Griff an Brett B und die Verzierung an Brett C.

Maßangaben in mm

Auch heute noch ist das Schneidbrett aus Holz einer der nützlichsten Gegenstände in der Küche. Und außerdem sind Schneidbretter auch schön anzusehen. Eine Holzfläche bietet den Vorteil, daß sie Messer nicht so schnell abstumpfen läßt wie andere Materialien. Im Gegensatz zu modernen Vorstellungen sind Holzbretter auch hygienisch einwandfrei, wenn sie nach Gebrauch richtig gesäubert werden. Schneidbretter gibt es in allen möglichen Größen und Formen, manche haben Griffe und eine Vorrichtung, um sie aufzuhängen. Sehr beliebt sind immer noch runde, manchmal mit Schnitzereien verzierte Bretter, auf denen am Tisch Kuchen oder Brot serviert wird. Platane ist das beste Holz für Gegenstände, die mit Lebensmittel in Berührung kommen, dicht gefolgt von Buche und Ahorn. Kiefer ist zwar billig, aber zu weich und nicht abriebfest.

Arbeitsweise

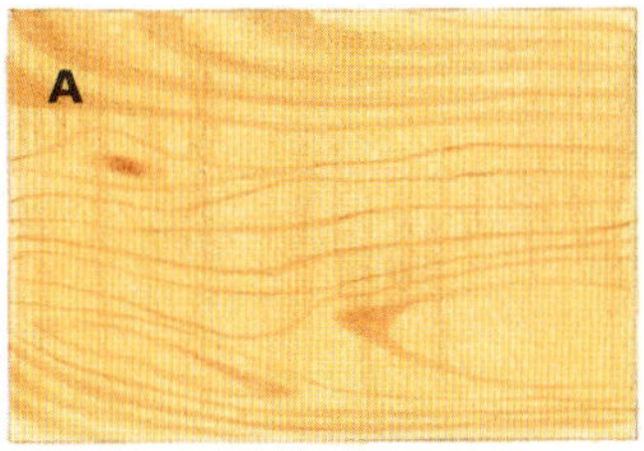

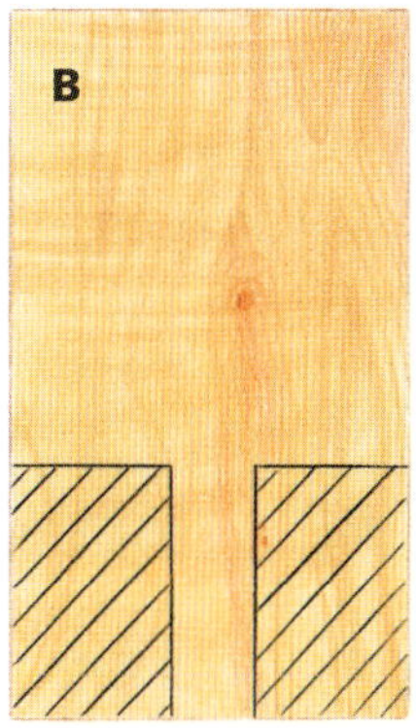

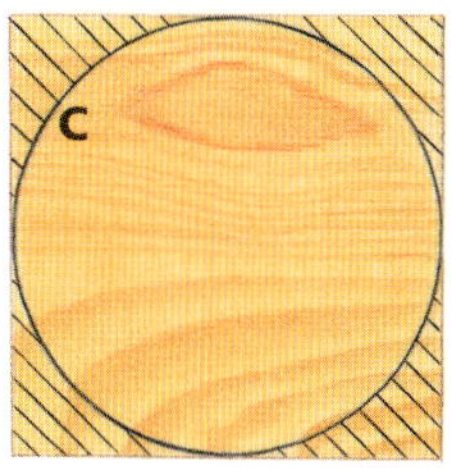

1 Wählen Sie gut abgelagertes Holz aus, das quer zu Faser breit genug ist, um den angegebenen Abmessungen wenigstens annähernd zu entsprechen.

2 Falls solches Material nicht zur Verfügung steht, können Sie die Bretter aus mehreren Einzelteilen zusammenleimen (vgl. Seite 100–101 für Hinweise zum Verleimen). Verwenden Sie einen hochwertigen wasserfesten Leim.

3 Hobeln oder schleifen Sie beide Seiten des Holzes sauber und eben.

4 Falls notwendig, reißen Sie den Umriß des Brettes auf dem Rohling an, und sägen Sie die Form aus (vgl. Seite 94 für Hinweise zum Sägen). Schneiden Sie immer auf der Verschnittseite des Anrisses. Das rechteckige Brett (A) läßt sich leicht mit einem Tischlerwinkel anreißen. Der Griff des Brettes (B) wird nach der Vorlage auf Seite 119 angerissen und ausgesägt. Das runde Brett wird mit dem Zirkel angerissen und dann ausgesägt.

5

5 Verputzen Sie die Sägekanten. Bei geraden Kanten kann dies mit dem Hobel geschehen, wobei Sie am Hirnholz vorsichtig arbeiten müssen. Die Kanten an Rundungen und Innenecken werden mit einer Feile oder einem anderen Schleifwerkzeug geglättet. Sie können auch einen Schweifhobel verwenden. Runden Sie die Kanten ab, oder fasen Sie sie an, damit sie nicht scharfkantig sind. Glätten Sie mit feinem Schleifpapier.

6 Das rechteckige Schneidbrett ist damit fertiggestellt (vgl. auch Schritt 9 unten).

7

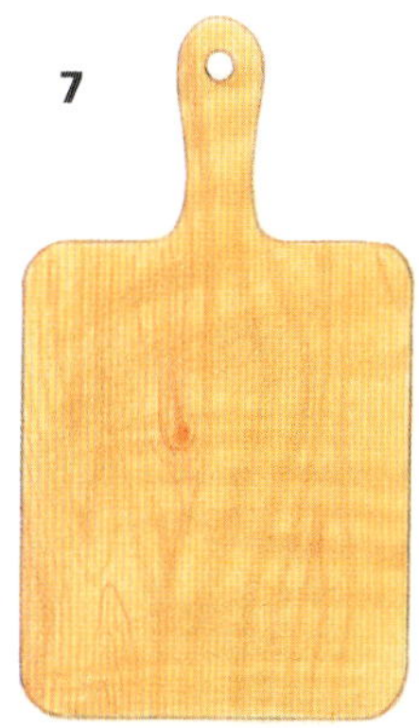

7 An dem Brett mit Griff muß noch durch den Griff ein 6-mm-Loch gebohrt werden, um es aufhängen zu können.

8 Am runden Brett ist eine der Flächen mit Schnitzereien verziert. Das Muster ist auf Seite 118 wiedergegeben. Sie können es entweder abpausen und auf Ihr Brett übertragen, einen eigenen Entwurf verwenden oder das Brett ungeschmückt lassen und nur die Kanten abrunden.

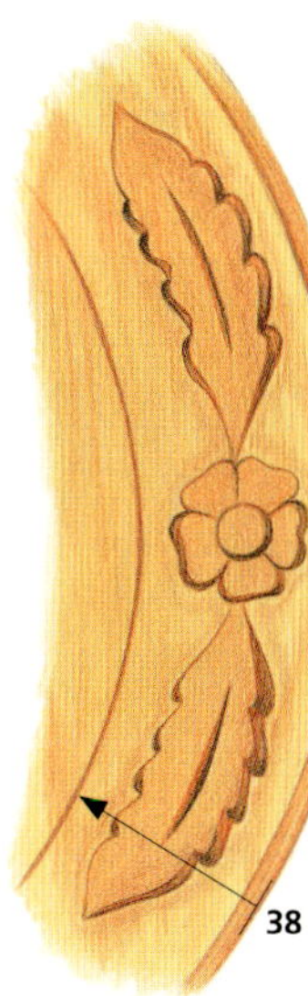

9 Schneidbretter, die regelmäßig verwendet werden, sollten keine Oberflächenbehandlung erhalten. Sie werden lediglich regelmäßig feucht abgewischt und gelegentlich mit Wasser gespült. Die traditionelle Reinigungsweise war das regelmäßige Abschrubben mit feuchtem Sand. Falls Sie ein Oberflächenmittel verwenden wollen, geben Sie mehrere Lagen pflanzliches Öl an.

Lockente

SCHWIERIGKEITSGRAD
Mittel

GRÖSSE
279 x 152 x 127 mm

MATERIAL
Kiefer

STÜCKLISTE
Körper: 1 Teil
279 x 127 x 76mm oder:
Körper: 2 Teile
279 x 63 x 76mm
Kopf
140 x 63 x 38 mm
1 Dübel 51 x 12 mm Durchmesser

Vgl. Schablone auf Seite 119.

Maßangaben in mm

Die ersten Lockvögel wurden von den amerikanischen Ureinwohnern hergestellt, meist bestanden sie lediglich aus einem Binsenbündel, das mit einem Entenbalg überzogen oder einfach angemalt und mit Federn verziert war. Oft war es nicht mehr als ein Schlamm- oder Lehmhaufen mit etwas getrocknetem Gras. Aus diesen Anfängen entwickelten sich dauerhaftere, schwimmfähige Lockvögel aus Holz. Sie waren zuerst sehr einfach konstruiert, wurden oft durch Ansengen geschwärzt oder schlicht bemalt. Spätere Lockenten waren raffinierter gestaltet; es gab solche, die von ihren Schöpfern durchaus realistisch gestaltet worden waren und als Lockmittel sehr geschätzt wurden. Heute darf während der Saison und mit Jagdschein immer noch gejagt werden, und man verwendet dazu auch Lockenten. Meist nimmt man sie jetzt aber als Dekorgegenstände, von denen die besten sehr begehrte Sammlerstücke sind.

Ursprüngliche Arbeitsweise

1

3

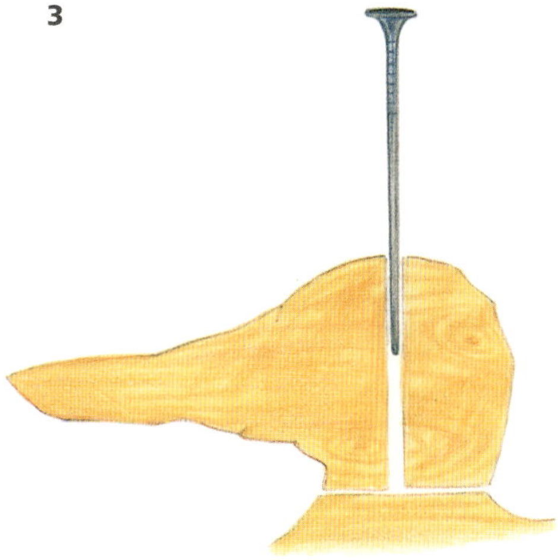

1 Bei Körpern aus Vollholz sägten die frühen Lockentenhersteller das Holz erst auf Länge und formten den Rohling dann grob mit einer scharfen Axt. Dabei arbeiteten sie auf einem Hackklotz passender Größe und entfernten erst die Ecken, rundeten dann grob die Brust und formten schließlich den Schwanz.

2 Danach wurde der grob vorgearbeitete Körper eingespannt und mit dem Ziehmesser oder Schweifhobel detailliert. Am vorderen Ende ließ man einen Teil etwas auf Übermaß, um den Kopf daran zu befestigen. Bei dieser Arbeitsweise verwendete der Handwerker weder Muster noch Vorlagen, er verließ sich vielmehr allein auf seine Erfahrung und sein Können, um die erwünschte Form herauszuarbeiten.

3 Der Kopf erforderte etwas mehr Sorgfalt. Ihm wurde mit der Säge die Form gegeben, die der nachgebildeten Vogelart entsprach. Danach wurde er eingespannt und mit einer Bohrung versehen, die einen Dübel oder Nagel als Verbindung aufnahm.

4

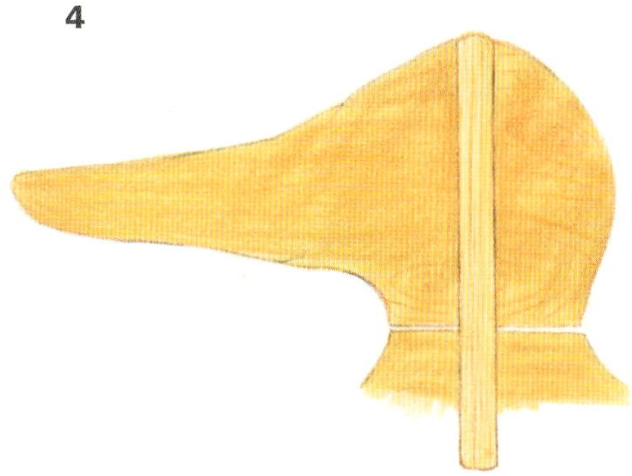

4 Die Feinarbeit am fertigen Lockvogel wurde mit dem Schweifhobel oder einem Schnitzmesser ausgeführt, und danach wurde das Stück geschliffen und angemalt.

Heutige Arbeitsweise

1

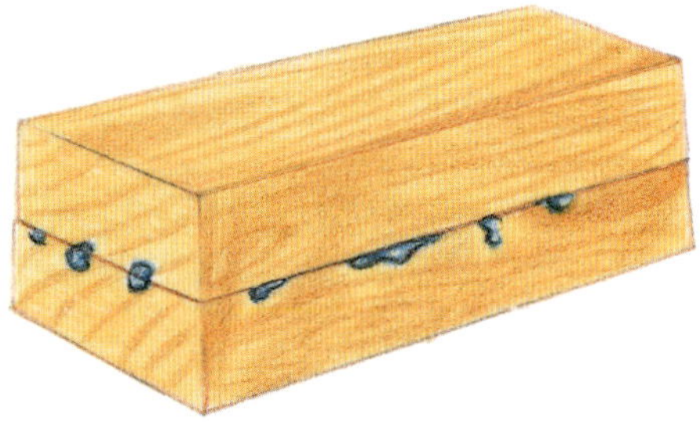

1 Um eine „moderne" Lockente herzustellen, vor allem wenn sie als Dekorstück dienen soll, richten Sie sich nach den angegebenen Maßen und schneiden den Körper zu. Soll der Körper aus zwei Teilen zusammengesetzt sein, verleimen Sie diese erst und lassen den Leim vollkommen trocken werden, bevor Sie weitermachen.

2

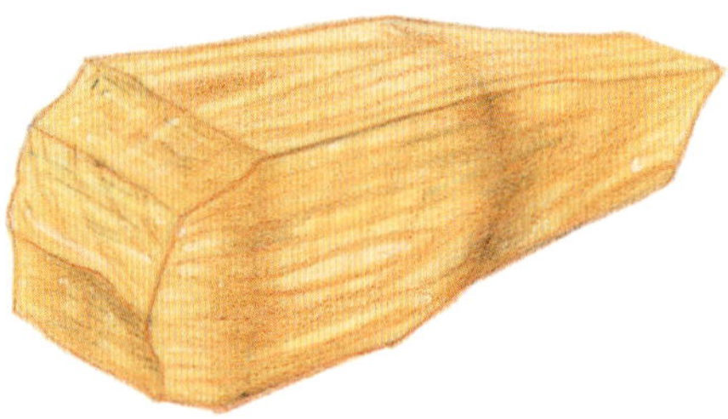

2 Verwenden Sie die Schablone von Seite 119 und formen Sie den Körper mit der Säge grob vor. Falls Sie über die nötige Erfahrung verfügen, können Sie dies auch mit der Axt tun.

3 Wenn der Körper grob herausgearbeitet ist, können Sie mit dem Ziehmesser, Schweifhobel, Schnitzeisen oder Messer die Details anbringen. Die Querschnitte, die bei den Schablonen angegeben sind, können bei der richtigen Formgebung hilfreich sein (vgl. Seite 119). Um sicher arbeiten zu können, sollten Sie das Holz beim Arbeiten an der Werkbank festspannen.

4

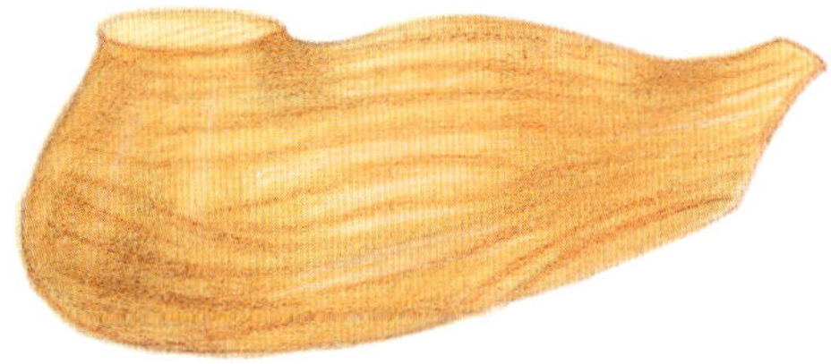

4 Die Feinarbeit können Sie mit einem Messer oder einer Feile ausführen. Denken Sie aber daran, vorne am Oberteil eine ebene Fläche zu lassen, um den Kopf daran zu befestigen.

5 Verwenden Sie die Schablone auf Seite 119, um den Kopf mit der Bandsäge oder Laubsäge auszuschneiden. Stellen Sie sicher, daß die untere Fläche eben ist und im rechten Winkel zur senkrechten Achse des Kopfes steht.

6 Bei einem dekorativen Lockvogel ist es am besten, den Kopf mit einem versteckten Dübel am Körper zu befestigen. Bohren Sie dazu ein 12-mm-Loch von unten in den Kopf, und leimen Sie den Dübel darin fest. Dieser Dübel dient nicht nur als Befestigung für den Kopf, er eignet sich auch gut, um den Kopf bei der Feinarbeit einzuspannen.

7 Spannen Sie den Kopf ein, und formen Sie den Oberteil des Kopfes (verwenden Sie dazu die Schablone und die Detailzeichnungen als Orientierung). Spannen Sie den Kopf dann am eingeleimten Dübel ein, und nehmen Sie die Feinarbeit und die Formgebung am Unterteil des Kopfes vor. Achten Sie darauf, den Dübel beim Einspannen nicht zu zerdrücken.

8

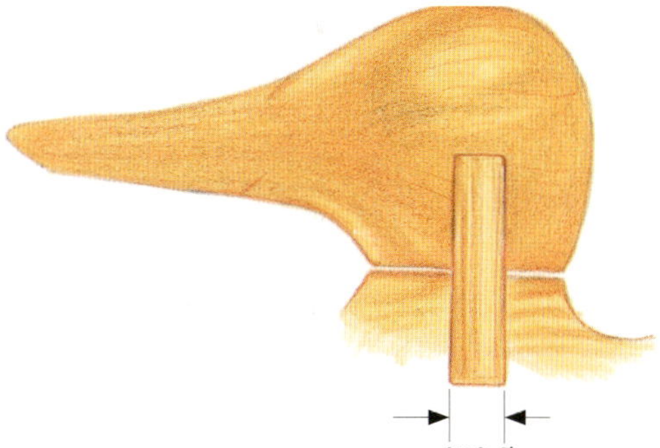

8 Reißen Sie das Dübelloch im Körper an, und bohren Sie es. Hobeln Sie die ebene Fläche am Körper glatt, so daß Sie eine schlüssige Verbindung herstellen können. Passen Sie den Kopf trocken an den Körper an. Achten Sie darauf, daß die beiden geraden Flächen ohne Spalt aneinander passen. Arbeiten Sie gegebenenfalls nach. Leimen Sie den Kopf und den Körper zusammen, und legen Sie das Werkstück zum Trocknen beiseite.

9 Nach dem Trocknen können Sie die letzten Detailarbeiten am Lockvogel vornehmen und ihn mit Feile und Schleifpapier glätten, um ihn auf das Bemalen vorzubereiten.

10 Die Bemalung an den frühen Lockenten war meist in stumpfen Erdtönen gehalten und wies nur sehr wenige Details wie Federn auf. Manchmal wurden sogar die Augen weggelassen. Sie können diesen Stil nachahmen und alles sehr schlicht halten. Sie können aber auch versuchen, ein realistischeres Aussehen zu erreichen. Der Körper und die Form des Kopfes bei unserem Werkstück sind eine Annäherung an einen Stockentenerpel, Sie können also die Farbgebung eines solchen Tieres nachahmen. Als Vorlage für die Bemalung können Sie eine Farbfotografie verwenden. Vergleichen Sie auch die Seiten 108–113 für Hinweise zum Bemalen und zur Oberflächenbehandlung.

Kerzenständer-Tisch

SCHWIERIGKEITSGRAD
Mittel

GRÖSSE
686 x 330 x 330 mm

MATERIAL
Kirsche, Eiche

STÜCKLISTE
1 Säulenfuß
610 x 57 x 57 mm
1 Tischplatte
305 x 305 x 25 mm
1 Querstrebe
254 x 51 x 25 mm
2 Tischfüße
343 x 63 x 51 mm
1 Dübel
76 x 25 mm Durchmesser

Maßangaben in mm

Kerzen werden meist in einem Kerzenhalter verwendet, der oft eine Vertiefung aufweist, die gerade groß genug ist, um das untere Ende der Kerze aufzunehmen. Falls die Kerze höher stehen sollte, war früher der Kerzenständer-Tisch eine beliebte Möglichkeit. Er gehört zur Gruppe der Beistelltische, die mit Säulenfuß oder als Dreibeintisch ausgeführt wurden. Oft waren solche Kerzenständer-Tische aufwendig verziert. Unser Beispiel ist jedoch ein rein zweckorientiertes Exemplar. Es ist schlicht und solide, so wie es im Alltagsgebrauch in Europa und im frühen kolonialen Nordamerika üblich war. Während einige Modelle drei Beine hatten, die mit einer Schwalbenschwanzverbindung in eine gedrechselte Mittelsäule eingefügt wurden, ist unser Beispiel mit einfacher herzustellenden und stabileren überplatteten Füßen versehen.

Arbeitsweise

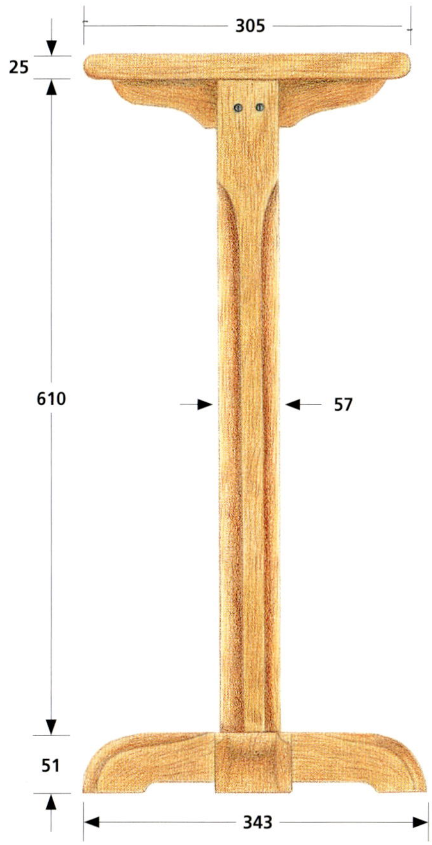

1 Falls Ihnen kein hinreichend großes Stückholz für die Tischplatte zur Verfügung steht, müssen Sie die Platte aus schmaleren Stücken zusammenleimen (vgl. Seite 100–101 für Hinweise).

2 Vergewissern Sie sich, daß die Tischplatte eben ist. Falls Sie sie aus Einzelteilen zusammengeleimt haben, warten Sie, bis der Leim getrocknet ist, und hobeln Sie die Oberflächen dann sauber und glatt, bevor Sie die Platte beschneiden (es ist leichter, eine rechteckige Platte einzuspannen).

3 Schneiden Sie dann die Platte zu einem Kreis mit 305 mm Durchmesser. Verputzen Sie die Sägekanten, und runden Sie sie auf beiden Seiten etwas ab, oder fasen Sie sie an.

4

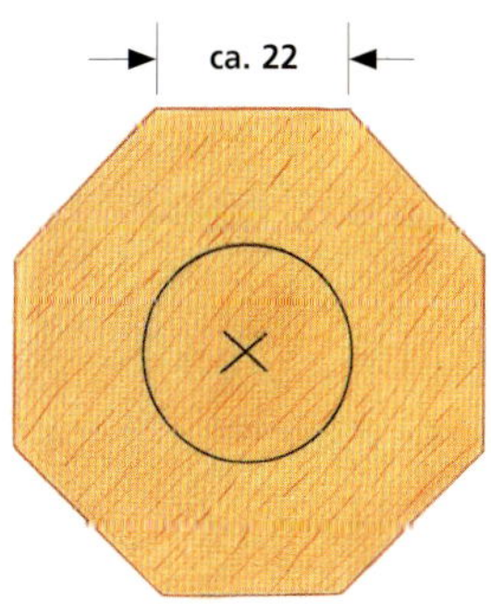

4 Schneiden Sie den Säulenfuß auf Länge. Achten Sie darauf, daß die Schnitte rechtwinklig zur Längsachse verlaufen. Reißen Sie die Fasen am Säulenfuß mit Bleistiftstrichen als Orientierungshilfe beim Hobeln an. Dabei reicht es vollkommen, die Finger als Streichmaß zu benutzen, so wie es auf Seite 93 beschrieben wird.

5 Hobeln Sie die vier Fasen an, um den angestrebten achteckigen Querschnitt zu erhalten. Lassen Sie die Fasen oben auslaufen, damit die obersten 102 mm rechteckig bleiben, um die geschlitzte Verbindung aufzunehmen.

6

6 Stellen Sie die untere Verbindung her, indem Sie in das untere Ende des Säulenfußes ein genau senkrechtes Loch bohren und ein Stück Dübelholz (25 mm Durchmesser) in das Loch leimen. Dieser Zapfen wird später in ein entsprechendes Loch in der Fußmontage eingeleimt (vgl. Schritt 12).

7 Alternativ kann der Zapfen auch aus dem vollen Holz des unteren Endes am Säulenfuß gearbeitet werden. Man kann die Verbindung aber auch als einfache rechteckige Schlitz-und-Zapfen-Verbindung herstellen (vgl. Seite 104–107). Bei diesen beiden Varianten müssen Sie den Säulenfuß 38 mm länger zusägen.

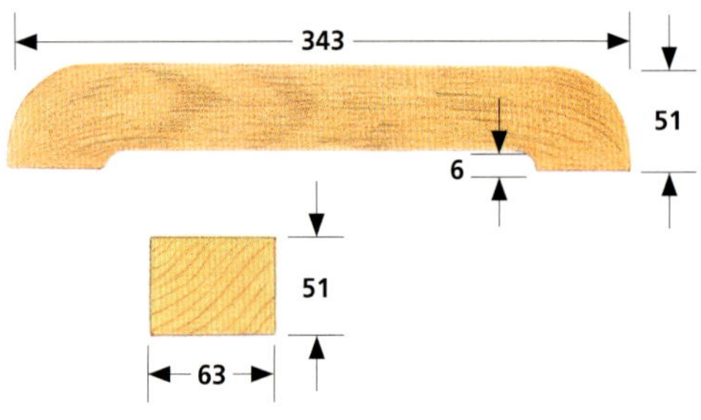

8 Stellen Sie nun die Füße her. Die beiden Füße werden mit einer Überplattung verbunden, so daß ihre Oberseite auf einer Höhe liegen.

9 Reißen Sie an jedem Fuß die Verbindung an, und schneiden Sie sie aus (vgl. Seite 104 für Hinweise). Kontrollieren Sie auf gute Passung, arbeiten Sie gegebenenfalls nach, und nehmen Sie die beiden Teile dann wieder auseinander.

9

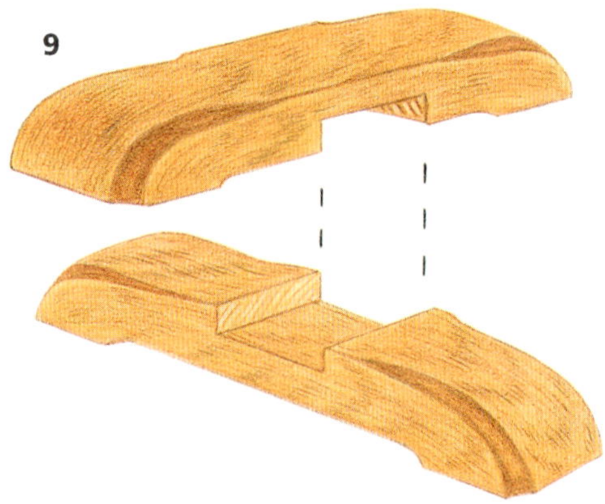

10 Schneiden Sie die beiden Füße so zu wie in Abbildung 8 und 9 dargestellt. Schleifen Sie die Sägeflächen glatt, und fasen Sie die oberen Kanten an.

11 Montieren Sie die Füße noch einmal zusammen, um die Passung zu kontrollieren, bevor Sie dann Leim angeben und gegebenenfalls die Verbindung mit Zwingen zusammenpressen. Entfernen Sie überschüssigen Leim, und lassen Sie die Verbindung trocknen.

12 Falls Sie sich für die Dübelzapfen-Verbindung entschieden haben, bohren Sie dann ein 25-mm-Loch durch den Mittelpunkt der Überplattung. Auch hier müssen Sie darauf achten, daß das Loch genau in der senkrechten Achse des Säulenfußes verläuft. Falls Sie sich für die rechteckige Schlitz-und-Zapfen-Verbindung entschieden haben, reißen Sie den Schlitz in der Mitte der Überplattung an und stemmen ihn dann aus. Kontrollieren Sie die Verbindung auf gute, enge Passung, und nehmen Sie die Verbindung für den nächsten Schritt wieder auseinander.

13

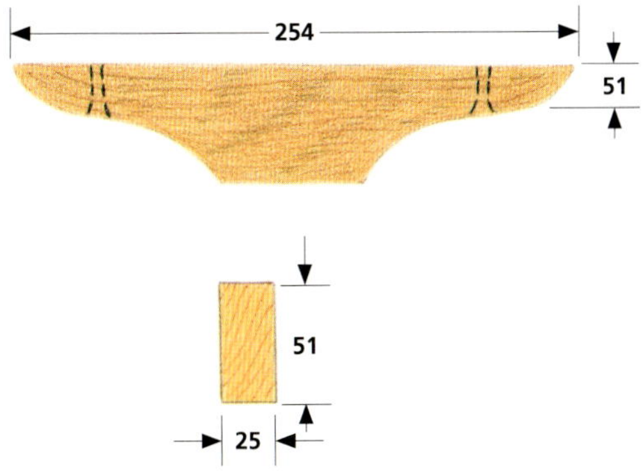

16

13 Die Querstrebe, welche die Tischplatte stützt, wird in ganzer Stärke in einen Schlitz im Säulenfuß eingepaßt. Formen Sie zuerst die Strebe, und passen Sie sie an die Tischplatte an, wie in der Abbildung gezeigt. Sie sollte quer zur Faser der Platte verlaufen. Befestigen Sie die Strebe mit Leim und Schrauben an der Tischplatte.

14 Reißen Sie den Schlitz am Oberteil des Säulenfußes an, und schneiden Sie ihn sorgfältig aus. Richten Sie sich mit den Abmessungen des Schlitzes nach Ihrer Strebe, da sie von den hier angegebenen abweichen können. Kontrollieren Sie auf gute Passung, die allerdings nicht zu eng sein sollte, da sonst die Gefahr besteht, daß der Säulenfuß reißt.

15 Demontieren Sie das Werkstück, und säubern Sie alle Oberflächen. Leimen Sie den Säulenfuß in das Fußgestell. Die Verbindung kann zusätzlich durch einen Keil gesichert werden (vgl. Seite 29 für Hinweise).

16 Leimen Sie dann die Strebe unter der Tischplatte in den Schlitz am oberen Ende des Säulenfußes. Sichern Sie diese Verbindung, indem Sie zwei 6-mm-Dübel in vorgebohrte Löcher leimen. Nach dem Trocknen des Leimes können die Dübel entweder bündig geschnitten werden oder etwas höher als die Oberfläche des Säulenfußes verbleiben.

17 Entfernen Sie überschüssigen Leim, und säubern Sie alle Oberflächen.

18 Früher wurde ein solcher Kerzenständer-Tisch entweder gebeizt und poliert oder in seiner natürlichen Farbe belassen und mit einer Schutzschicht aus Bienenwachs überzogen. Durch das Wachsen wird die warme Färbung des Holzes betont, und mit der Zeit – nach wiederholtem Auftragen des Wachses – wird der Farbton immer satter und tiefer. Man kann den gleichen Effekt erreichen, indem man das Stück beizt und dann wachst oder lackiert (vgl. Seite 108–113 für Hinweise zur Behandlung von Oberflächen).

Schaukelstuhl

SCHWIERIGKEITSGRAD
Mittel

GRÖSSE
863 x 406 x 406 mm

MATERIAL
Esche, Buche, Ahorn

STÜCKLISTE
2 Hinterbeine
787 x 51 x 32 mm
2 Vorderbeine
355 x 51 x 32 mm
Die Vorder- und Hinterbeine werden aus zwei Holzstücken geschnitten:
787 x 127 x 32mm
2 Sitzflächenzargen
380 x 50 x 25 mm
7 Querstreben
381 x 28 x 28 mm
1 Rücklehnen-Querstück
381 x 28 x 25mm
1 Rücklehnen-Oberteil
406 x 101 x 76 mm
1 Sitzfläche (aus 3 Teilen)
431 x 101 x 25 mm
2 Kufen (aus 1 Teil geschnitten)
762 x 152 x 38 mm

Vgl. Schablone für Hinterbeine, Sitzflächen, Kufen und Rücklehnen-Oberteil auf Seite 123.

Maßangaben in mm

Der Schaukelstuhl ruft sofort Erinnerungen an die gute alte Zeit hervor und an den gemütlichen Takt des Lebens auf dem Lande. Schaukelstühle scheinen gegen Ende des 18. Jahrhunderts in Europa und Nordamerika zuerst hergestellt worden zu sein, am populärsten waren sie wohl in Amerika. Die geringe Größe des abgebildeten Stuhls rührt daher, daß seit alters der Mittelpunkt des häuslichen Lebens der Herd war, da die Feuerstelle die wichtigste Quelle für Licht und Wärme war. Da das Feuer auf dem Boden oder knapp über ihm brannte, waren auch die Sitzflächen entsprechend niedrig. Als der Tisch in den Mittelpunkt des häuslichen Lebens rückte, wurden auch die Stühle entsprechend höher und massiger. Man findet jedoch immer noch niedrige, an die alte Herdkultur erinnernde Stühle wie unser Werkstück. Wegen ihrer Höhe sind sie für Kinder genau das richtige.

Arbeitsweise

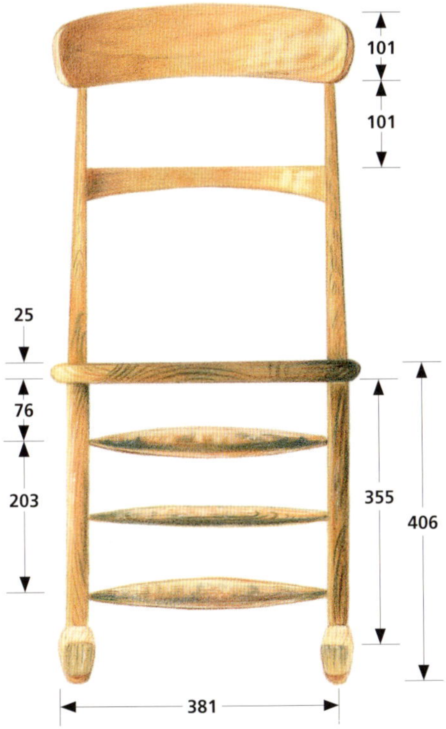

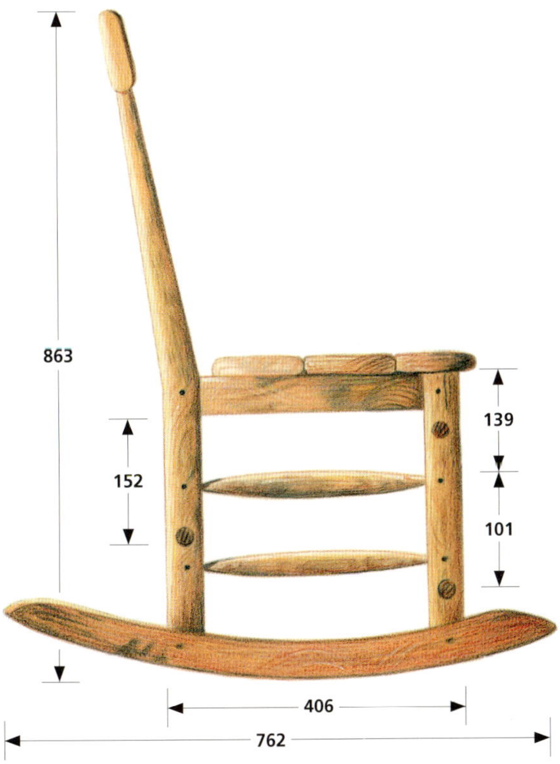

Die Arbeit an diesem Stuhl ist sehr viel leichter, wenn man die hier gezeigte Methode anwendet und zuerst zwei einzelne Seitenkonstruktionen herstellt und diese dann mit Querstreben verbindet.

1 Schneiden Sie zuerst die beiden Hinterbeine aus (vgl. die Schablone auf Seite 123, etwa ¼ der Originalgröße). Verputzen Sie die Sägekanten. Lassen Sie die Hinterbeine unterhalb der Sitzflächenhöhe rechteckig; runden Sie darüber nur die äußeren Kanten ab – lediglich ganz oben bekommen die Beine einen runden Querschnitt (25 mm Durchmesser).

3

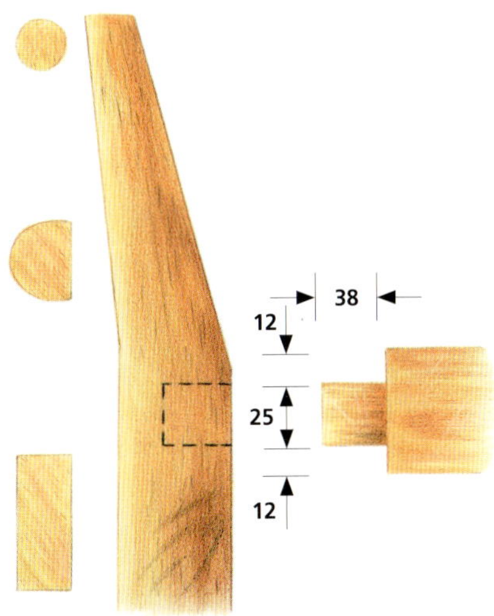

2 Stellen Sie die beiden Vorderbeine her, und verputzen Sie die Sägekanten.

3 Reißen Sie Zapfenlöcher für die Sitzflächenzargen an den Vorder- und Hinterbeinen an, und bohren Sie die Löcher (vgl. S. 104–107 für Hinweise zu gezapften Verbindungen).

4 Kontrollieren Sie, daß die Seitenstreben die richtige (und gleiche) Länge haben, reißen Sie die Zapfen an, und schneiden Sie sie. Kontrollieren Sie auf gute Passung.

5

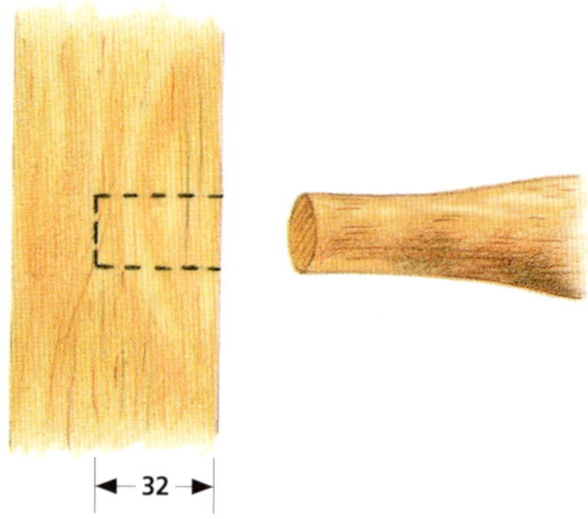

5 Stellen Sie vier runde Seitenstreben in der angegebenen Länge mit einem Durchmesser von 25 mm her. Sie können gedrechselt oder mit einer anderen Methode gefertigt werden. Arbeiten Sie an jedem Ende einen Zapfen mit 19 mm Durchmesser an.

6 Reißen Sie die Position der Seitenstreben an den Innenseiten der Vorder- und Hinterbeine an. Bohren Sie die Zapfenlöcher (19 mm Durchmesser, 32 mm tief).

7 Stecken Sie die Seitenstreben trocken in die Zapfenlöcher, um die Passung zu überprüfen.

8 Montieren Sie die Vorder- und Hinterbeine, die Seitenstreben und die Sitzflächenzargen trocken (ohne Leim) zusammen, um zwei Seitenteile zu erhalten.

9 Schneiden Sie die beiden Kufen aus (vgl. die Schablone auf Seite 123). Verputzen Sie die Sägekanten.

10

10

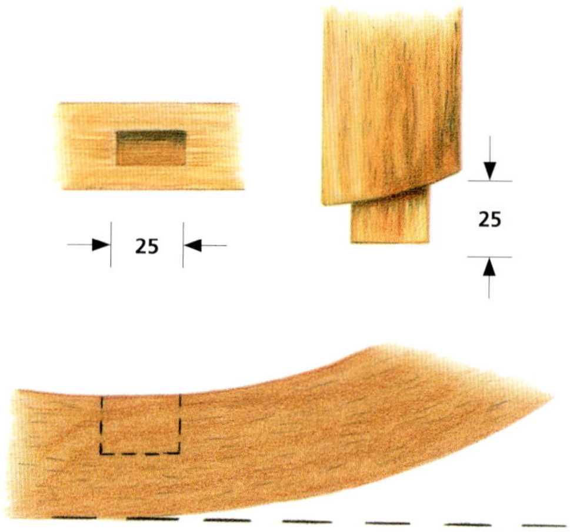

10 Legen Sie die Seitenteile auf eine flache Unterlage, und legen Sie jeweils ein Kufe darauf, wie in der Abbildung gezeigt. Reißen Sie die obere Krümmung der Kufe am unteren Ende jedes Beines an. Reißen Sie auch die Position der Zapfenlöcher für die Aufnahme der Beinzapfen auf den Kufen an.

11 Bohren Sie die Zapfenlöcher in die Kufen. Die Löcher müssen senkrecht zu einer geraden Fläche stehen, nicht zur Krümmung der Kufen.

12 Reißen Sie die Zapfen an den Beinen an, und schneiden Sie sie zu. Übertragen Sie die Krümmung der Kufe auf das Bein, damit die Brüstung des Zapfens eng an die Kufe anschließt (vgl. Schritt 10). Kontrollieren Sie die Passung der Verbindungen. Nehmen Sie die Teile für die nächsten Schritte wieder auseinander.

13

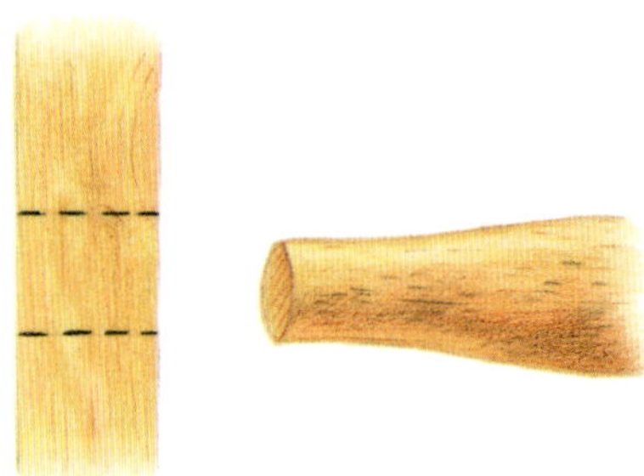

13 Stellen Sie 3 runde Querstreben in der angegebenen Länge und mit einem Durchmesser von 25 mm her (vgl. Seite 96 für Hinweise zum Formen). Arbeiten Sie an jedem Ende einen Rundzapfen mit 19 mm Durchmesser an.

14 Reißen Sie die Position der Querstreben an den Außenseiten der Vorderbeine an. Bohren Sie die Zapfenlöcher (19 mm Durchmesser) durch die Beine hindurch.

15 Reißen Sie die Position der hinteren Querstrebe an den Hinterbeinen an. Bohren Sie die Zapfenlöcher.

16

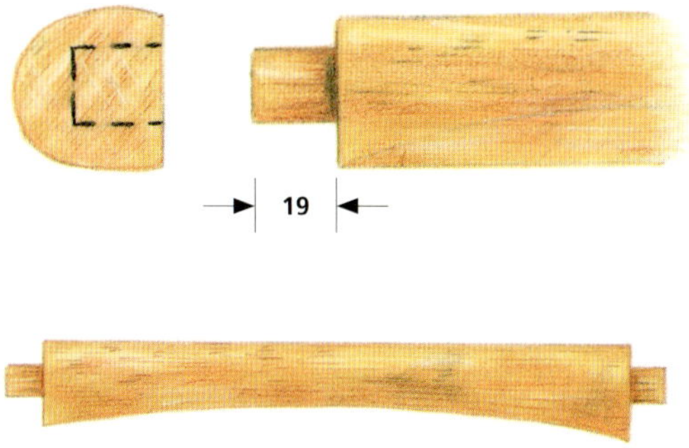

16 Reißen Sie die abgesetzten Rundzapfen am Rücklehnen-Querteil an. Formen Sie die Vorderseite des Rücklehnen-Querteils konkav, damit sie bequemer ist (vgl. Abbildung).

17 Schneiden Sie das Rücklehnen-Oberteil nach der Schablone zu (vgl. Seite 123). Verputzen Sie die Sägekanten, runden Sie die Oberkante und die Enden noch nicht ab, um das Bohren der Zapfenlöcher nicht zu erschweren.

18

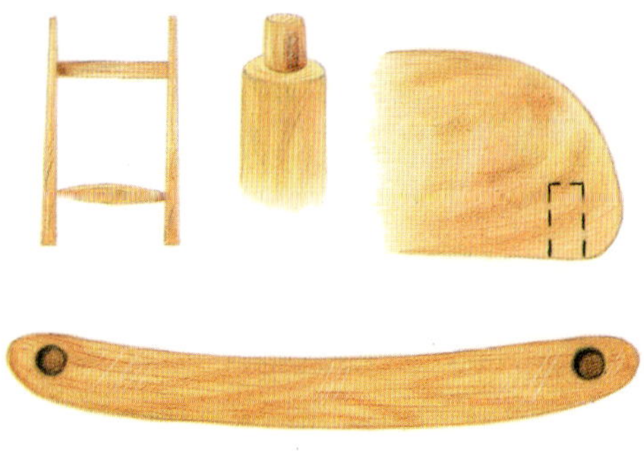

18 Setzen Sie die Hinterbeine und die Querstücke provisorisch zusammen, um den Abstand der beiden oberen Rundzapfen zu ermitteln. Reißen Sie dieses Maß an der Unterseite des Rücklehnen-Oberteils an, und bohren Sie die Zapfenlöcher (19 mm Durchmesser, 25 mm tief).

19 Arbeiten Sie an den oberen Enden der Hinterbeine jeweils einen abgesetzten Rundzapfen mit 19 mm Durchmesser an, und überprüfen Sie die Passung im Rücklehnen-Oberteil.

20 Stellen Sie die Sitzfläche nach der Schablone her – Sie können die drei Teile miteinander verleimen oder sie auf Abstand sezten. Runden Sie die Vorderkante ab.

21 Montieren Sie den Stuhl zusammen, indem Sie zuerst die beiden Seitenteile (einschließlich der Kufen) zusammensetzen und verleimen. Sichern Sie die Verbindungen mit Holzstiften (vgl. Seite 107).

22 Verbinden Sie die beiden Seitenteile, indem Sie die Querstreben einfügen. Beachten Sie, daß die Streben durch die Vorder- und Hinterbeine hindurch gehen. Sichern Sie die Verbindungen mit Stiften, und verputzen Sie die Verbindungen, falls die Zapfen überstehen.

23 Bringen Sie das Rücklehnen-Oberteil auf den Zapfen der Hinterbeine an.

24 Befestigen Sie die Sitzfläche mit Nägeln oder Schrauben an den Zargen. Treiben Sie Nägel unter die Oberfläche, oder versenken Sie die Schraubenköpfe, und füllen Sie die Vertiefungen.

25 Der Schaukelstuhl kann nach jeder der auf Seite 108–113 beschriebenen Methoden oberflächenbehandelt werden.

Rustikaler Stuhl

SCHWIERIGKEITSGRAD
Mittel

GRÖSSE
1092 x 508 x 457 mm

MATERIAL
Hasel, Birke oder Esche (junges Holz)

STÜCKLISTE
2 Hinterbeine
1092 x 51 mm Durchmesser
2 Vorderbeine
711 x 51 mm Durchmesser
2 hintere Querstreben
483 x 38 mm Durchmesser
2 vordere Querstreben
483 x 38 mm Durchmesser
4 Seitenstreben
457 x 38 mm Durchmesser
2 Armlehnen
559 x 44 mm Durchmesser
1 Rücklehnen-Oberteil
584 x 44 mm Durchmesser
6 Rücklehnen-Stäbe
610 x 5251 mm Durchmesser
3 H-Stücke
254 x 25 mm Durchmesser
10 Sitzflächen-Stäbe
546 x 38 mm Durchmesser

HINWEIS
Die angegebenen Durchmesser sind nur Orientierungswerte für die Materialsuche. Schneiden Sie die Stücke anfänglich mit großzügiger Überlänge, und lassen Sie sie vor der Verarbeitung trocknen. Die Enden können beim Trocknen einreißen. Soll der Stuhl im Freien verwendet werden, müssen Sie bei der Endmontage einen wetterfesten Leim verwenden.

Maßangaben in mm

Früher hat man junge Stammabschnitte aus dem Niederwald zu verschiedenen Gegenständen verarbeitet: Zäune, Viehhürden, Futterraufen und einfache, rustikale Möbel zählten dazu. Im 17. Jahrhundert waren solche Möbelstücke in Nordamerika sehr häufig, und die ländlichen Handwerker in Osteuropa, Skandinavien und den USA verwenden heute noch ähnliche Konstruktionsweisen. Die Unwägbarkeiten der Mode und die wachsende Verstädterung haben zu einem Wiederaufleben des Interesses an ländlichen Möbeln geführt. Der organisch anmutende Werkstoff, die angenehmen Oberflächen und dekorativen Eigenschaften des Holzes und seiner Verwendungsweise ergeben eine ganz eigene Ästhetik. Dies, zusammen mit der Schlichtheit der Möbel, bildet so eine ideale Ergänzung zu jedem Einrichtungsstil, der auf natürliches Leben abzielt.

Arbeitsweise

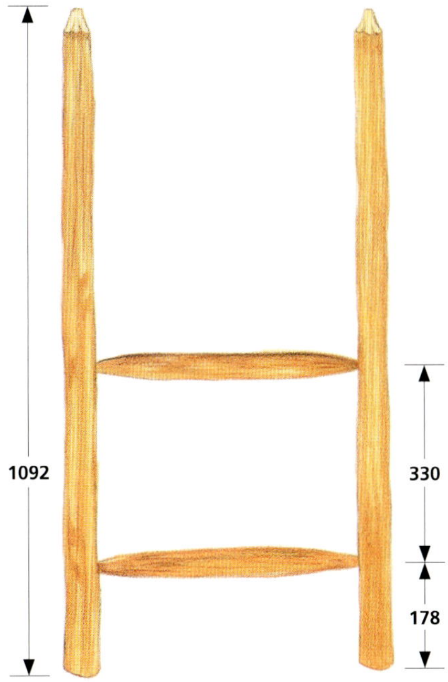

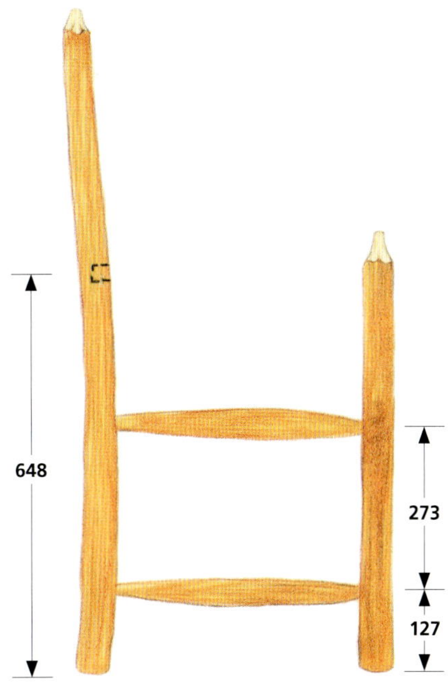

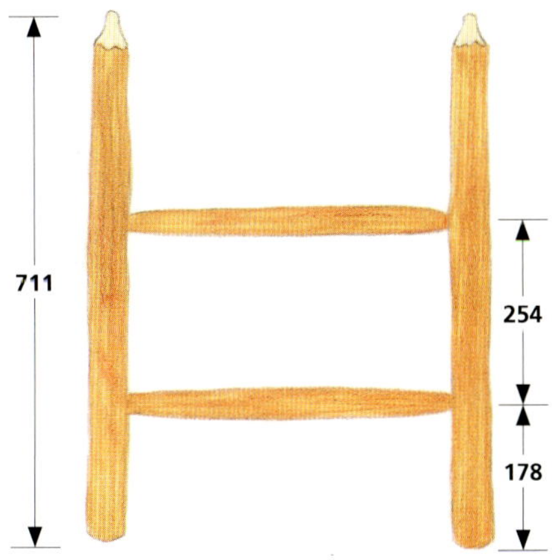

1 Suchen Sie das Material nach Länge und Durchmesser aus. Die Hinterbeine sollten eine leichte Krümmung nach hinten aufweisen, alle anderen Stücke sollten so gerade wie möglich sein. Sind alle Teile gründlich getrocknet, schneiden Sie alles auf Länge. Entfernen Sie mit dem Ziehmesser die Rinde, falls gewünscht. Der Stuhl besteht aus zwei unterschiedlich langen, leiterförmigen Teilstükken für das Vorder- und Hinterteil, die durch Seitenstreben verbunden werden. Die Herstellung wird so deutlich vereinfacht.

2

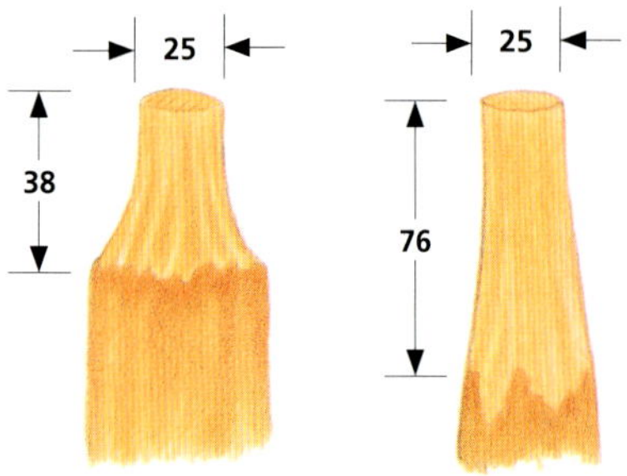

2 Arbeiten Sie zuerst an den Vorder- und Hinterbeinen jeweils oben einen runden Zapfen mit 25 mm Durchmesser an. Sie können eine der beiden oben abgebildeten Gestaltungsvarianten wählen. Achten Sie darauf, daß die Seiten auf den obersten 32 mm parallel verlaufen, damit die Zapfenverbindung gut paßt. Arbeiten Sie die Zapfen mit dem Stechbeitel, Ziehmesser, Schweifhobel oder schleifenden Werkzeugen.

3 Reißen Sie die Position der Zapfenlöcher an den Hinterbeinen an, um die beiden hinteren Querstreben aufzunehmen. Bohren Sie die Zapfenlöcher. Wiederholen Sie den Vorgang an den Vorderbeinen für die vorderen Querstreben. Die Zapfenlöcher sollten eine Tiefe und einen Durchmesser von 25 mm aufweisen. Arbeiten Sie dann an den vorderen und hinteren Querstreben Zapfen mit 25 mm an, die in die entsprechenden Zapfenlöcher passen.

4 Montieren Sie die vordere und hintere Leiter trocken (ohne Leim) zusammen, indem Sie die Querstreben in die Beine stecken. Achten Sie darauf, daß die Zapfen in ganzer Tiefe in die Zapfenlöcher passen. Kennzeichnen Sie die einzelnen Teile, so daß ihre Stellung in den Leitern wiederzufinden ist. Nehmen Sie die Leitern wieder auseinander.

5 Reißen Sie die Position der Seitenstreben an den Vorder- und Hinterbeinen an, und bohren Sie dort (im rechten Winkel zu den bereits vorhandenen Zapfenlöchern) Zapfenlöcher mit einer Tiefe und einem Durchmesser von 25 mm.

5

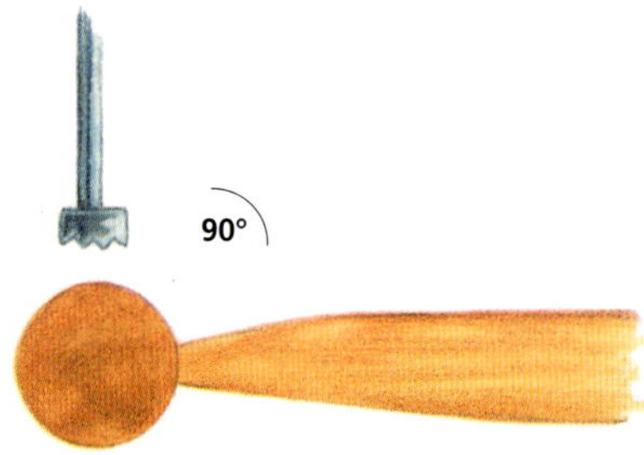

6 Reißen Sie nun die Zapfenlöcher an, die als Aufnahme für die Armlehnen dienen, und bohren Sie die Löcher. Wie in der Abbildung zu erkennen, sind diese Löcher etwas nach oben gerichtet, um den Armlehnen eine leicht abfallende Stellung zu geben. Arbeiten Sie dann an den Seitenstreben (vgl. Schritt 3) Zapfen mit einem Durchmesser von 25 mm an. Stecken Sie die Streben zur Probe in die entsprechenden Zapfenlöcher. Achten Sie darauf, daß die Zapfen in ganzer Tiefe in die Zapfenlöcher passen.

6

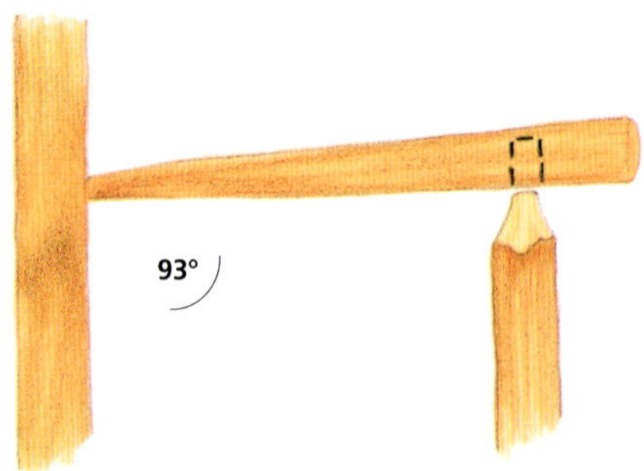

7 Montieren Sie die vordere und hintere Leiter trocken (ohne Leim) zusammen. Verbinden Sie die Leitern mit den Seitenstreben, um den Rahmen des Stuhls zu erhalten. Kontrollieren Sie, ob der Stuhl steht, ohne zu wackeln. Treiben Sie die Verbindungen gegebenenfalls mit einem Holzklüpfel zusammen.

8 Reißen Sie nun die Position der anderen Teile in folgender Reihenfolge an. Die angegebenen Maße sind allerdings nur zur Orientierung gedacht und können sich von Stuhl zu Stuhl unterscheiden.

9

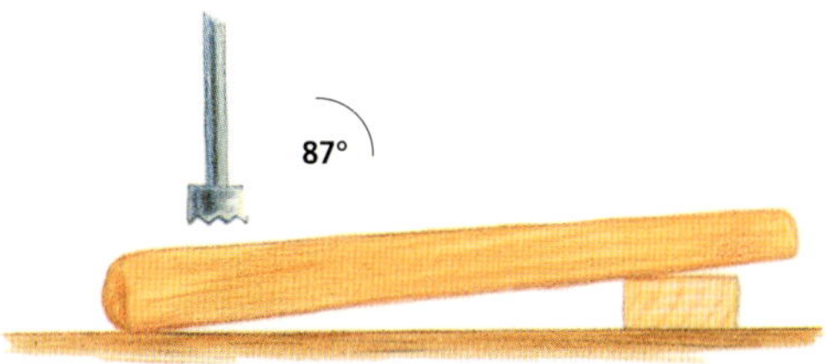

9 Arbeiten Sie zuerst an den Armlehnen hinten einen runden Zapfen mit 25 mm Durchmesser an, und passen Sie ihn in das zuvor gebohrte Zapfenloch des entsprechenden Hinterbeines ein. Stellen Sie sicher, daß die Zapfen in ganzer Tiefe im Zapfenloch sitzen, und reißen Sie dann die Position der vorderen Zapfenlöcher an den Unterseiten der Armlehnen an, in welche die Vorderbeine eingepaßt werden. Bohren Sie dann die Zapfenlöcher (25 mm tief, 25 mm Durchmesser), und stecken Sie die Teile zur Probe zusammen. Bohren Sie diese Löcher in einem leichten Winkel, um die Schrägstellung der Armlehnen zu ermöglichen. Runden Sie das vordere Ende der Armlehnen ab, oder fasen Sie es an.

10 Reißen Sie die Position der Zapfenlöcher als Aufnahme für die Zapfen an den Hinterbeinen am Rücklehnen-Oberteil an. Bohren Sie die Zapfenlöcher (25 mm tief, 25 mm Durchmesser). Stecken Sie die Teile zur Probe zusammen. Runden Sie die Enden ab, oder fasen Sie sie an. Beachten Sie, daß das Rücklehnen-Oberteil von

11

oben auf die Zapfen der Hinterbeine aufgesteckt wird. Das erleichtert das Anbringen der sechs Rücklehnen-Stäbe.

11 Reißen Sie die Position der Zapfenlöcher für die sechs Rücklehnen-Stäbe an der Oberseite der hinteren Querstrebe und der Unterseite des Rücklehnen-Oberteils an. Die Stäbe sollten in gleichmäßigen Abständen angebracht werden (etwa 64 mm, bei Ihrem Stuhl können die Maße jedoch abweichen).

12 Reißen Sie die Position der senkrechten Teile des H-Rahmens an der oberen und unteren vorderen Querstrebe an, wie in der Abbildung dargestellt. Nehmen Sie den Stuhlrahmen wieder auseinander. Bohren Sie Zapfenlöcher für die Rücklehnen-Stäbe (19 mm tief, 16 mm Durchmesser).

13

13 Bohren Sie Zapfenlöcher für den H-Rahmen (19 mm tief, 16 mm Durchmesser) in die obere und untere vordere Querstrebe. Bohren Sie auch die Zapfenlöcher für das Querstück des H-Rahmens.

14 Arbeiten Sie an den Rücklehnen-Stäben oben und unten Zapfen mit 16 mm Durchmesser an. Stecken Sie diese zur Probe in die entsprechenden Zapfenlöcher. Montieren Sie dann das gesamte Rückenteil trocken (ohne Leim) zusammen. Kontrollieren Sie auf Rechtwinkligkeit und Passung der Verbindungen.

15 Formen Sie die Enden des H-Rahmens, und kontrollieren Sie die Passung in den zuvor gebohrten Zapfenlöchern. Unter Umständen muß die Länge korrigiert werden. Stecken Sie den H-Rahmen trocken in die vorderen Streben, bauen Sie die gesamte vordere Leiter zusammen, und kontrollieren Sie auf Rechtwinkligkeit und Passung der Verbindungen.

16 Verbinden Sie die vordere und hintere Leiter (ohne Leim) durch die Seitenstreben, und bringen Sie die Armlehnen an. Kontrollieren Sie, ob alle Teile des Stuhles gut zusammenpassen, und nehmen Sie die Teile dann wieder auseinander, um sie verleimen zu können. Verleimen Sie zuerst die vordere und die hintere Leiter. Vergewissern Sie sich, daß alle Zapfen in voller Tiefe in den Zapfenlöchern stecken und daß alle Verbindungen rechtwinklig sind.

17

Fügen Sie die Seitenstreben und dann die Armlehnen hinzu. Achten Sie darauf, daß die Zapfen in ganzer Tiefe in den Zapfenlöchern sitzen. Kontrollieren Sie, ob der Stuhl auf einer ebenen Unterlage gerade steht. Sie können die Arme und die oberen und unteren Seitenstreben zusätzlich noch durch Holzzapfen sichern (vgl. Seite 107).

17 Die Sitzfläche besteht aus mehreren einzelnen Teilen, die Seite an Seite über die Seitenstreben gelegt werden, so daß ihre Oberseite mit der der oberen vorderen Querstrebe auf einer Höhe liegen. Nageln Sie diese Teile mit jeweils einem Stauchkopfnagel an jedem Ende fest. Bohren Sie mit einem kleinen Bohrer vor, damit das Holz nicht reißt. Treiben Sie dann die Nagelköpfe unter die Holzoberfläche.

18 Behandeln Sie die Oberfläche des fertigen Stuhls mit Öl, oder lackieren Sie ihn mehrmals mit verdünntem, klarem Polyurethanlack. Es empfiehlt sich, das Holz mit einem geeigneten Holzschutzmittel zu behandeln (vgl. Seite 108–113 für Hinweise zur Oberflächenbehandlung).

Wiege mit Haube

SCHWIERIGKEITSGRAD
Mittel

Größe
864 x 432 x 508 mm

Material
Kiefer, Kirsche, Eiche

Stückliste
2 Seitenwände
864 x 356 x 19 mm
1 Rückwand
432 x 356 x 19 mm
1 Vorderwand
394 x 317 x 19 mm
1 Boden
699 x 317 x 12 mm
2 Haubenwände
279 x 152 x 19 mm
1 Haubenrückwand
432 x 152 x 19 mm
1 Haubenbogen
432 x 101 x 19 mm
1 Haubendeckel
356 x 254 x 12 mm
2 Kufen
610 x 101 x 25 mm
1 Strebe
686 x 51 x 19 mm

Vgl. Schablone für Kufen und Haubenbogen auf Seite 121.

Maßangaben in mm

Wiegen können im Laufe der Zeit zu Möbeln mit besonderem Erinnerungswert werden, ja sogar zu Familienerbstücken. Die ersten Wiegen waren geflochtene Körbe, später waren es dann einfache, offene Kästen, die zwischen zwei Pfosten aufgehängt wurden. Schließlich verbreitete sich die Bauart, die auch bis heute noch am beliebtesten ist: die Wiege auf Kufen, die auf den Boden gestellt wurde. Meist wurde Eichenholz verarbeitet, aber auch Buche, Ulme und verschiedene Obsthölzer dienten manchmal als Material. Zu den zusätzlichen Details konnten Zierknöpfe, Schnitzereien und schmückende Einlegearbeiten gehören. Einfachere Wiegen wie unser Beispiel hatten Wände, die aus Brettern gebildet wurden. Die Tiefe der Wiege unterschied sich je nach Klima. Als zusätzlicher Schutz wurden Hauben angebracht, die oft mit Scharnieren versehen wurden, um den Zugang zu erleichtern.

Arbeitsweise

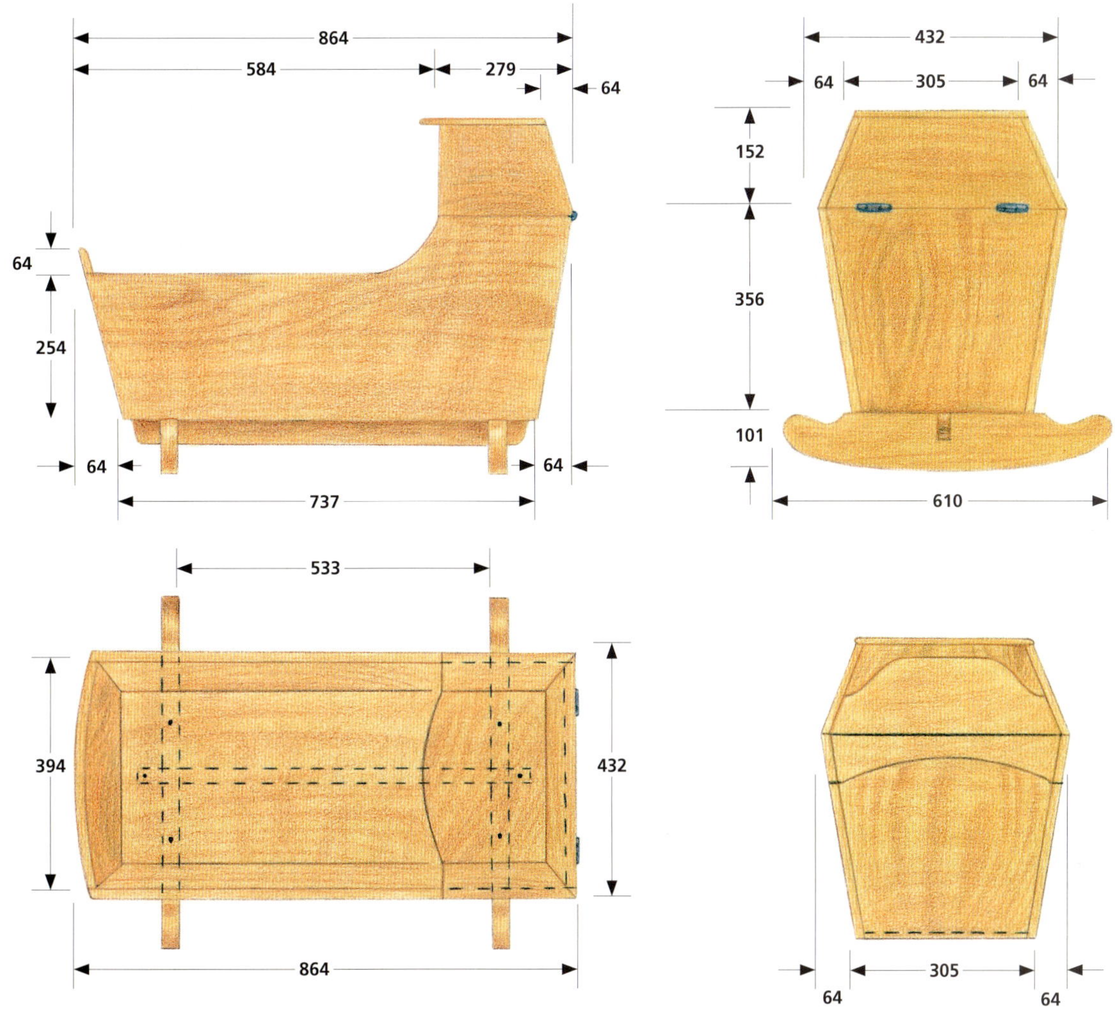

1 Stellen Sie zuerst den Korpus der Wiege her. Falls möglich, verwenden Sie breite Bretter, andernfalls können Sie auch schmalere Bretter miteinander verleimen (vgl. Seite 100 für Hinweise).

2 Reißen Sie die Seitenwände wie abgebildet an, und sägen Sie sie zu. Verputzen Sie die Sägekanten.

3 Reißen Sie die Vorder- und Rückwand an, sägen Sie sie zu, und verputzen Sie die Sägekanten.

4 Die Seitenwände werden mit der Vorder- und Rückwand mit Leim und Nägeln oder Schrauben verbunden (vorzuziehen sind Schrauben). Fall genagelt wird, sollte man 38 mm lange Stauchkopfnägel verwenden, die schwalbenschwanzförmig gesetzt werden, um die Verbindung stabiler zu gestalten (vgl. Seite 99).

5 Falls Sie Schrauben verwenden, bohren Sie durch die Seitenwände, und versenken Sie die Schraubenköpfe (vgl. Seite 100).

6 Schrauben Sie die vier Wände trocken (ohne Leim) zusammen, um die Passung zu kontrollieren, und demontieren Sie sie dann für den nächsten Schritt wieder.

7 Geben Sie Leim an die Verbindungskanten an, und schrauben Sie die vier Seiten der Wiege zusammen. Entfernen Sie überschüssigen Leim, kontrollieren Sie den Korpus auf Rechtwinkligkeit, und lassen Sie den Leim trocknen. Setzen Sie Längsholzdübel in die Schraubenversenkungen ein, und verputzen Sie sie. Nägel werden unter die Holzoberfläche getrieben, und die Vertiefungen werden gefüllt.

8

8 Bereiten Sie den Wiegenboden vor. Dazu wird er zuerst etwas größer als die Innenabmessungen des Korpus geschnitten und dann von oben eingepaßt. Die Kanten werden angefast, so daß der Boden keilförmig zwischen den Wänden des Korpus sitzt. Die Unterseite muß mit den unteren Kanten der Wände auf einer Höhe liegen.

9 Befestigen Sie dann den Boden mit Leim und Drahtstiften im Korpus, und lassen Sie den Leim trocknen.

10 Verputzen Sie dann die Verbindungskanten am Korpus, und runden Sie alle scharfen Kanten ab.

11

11 Hobeln Sie die oberen Kanten des Korpus glatt, wo die Haube angebracht werden soll.

12 Dann wird die Haube hergestellt. Die in der Stückliste angegebenen Maße sollen nur zur Orientierung dienen, die tatsächlichen Maße sollten Sie von Ihrer Wiege abnehmen, da sie etwas abweichen können.

13 Reißen Sie zuerst die Hauben-Rückwand an, und schneiden Sie sie aus, da sie die Form der Haube festlegt. Übertragen Sie die Außenmaße für den Haubenbogen, und schneiden Sie ihn aus.

14 Schneiden Sie die innere (gebogene) Form des Haubenbogens, und runden Sie seine Innenkante ab (vgl. Schablone auf Seite 121).

15 Reißen Sie sorgfältig die beiden Haubenwände an, und sägen Sie sie zu.

16

16 Fasen Sie die oberen und unteren Kanten der drei Haubenwände an, um eine gute Passung mit dem Wiegenkorpus und dem Haubendeckel zu erreichen. Verwenden Sie dazu einen Hobel. Die Fasen müssen nicht hundertprozentig aufeinanderpassen.

17 Halten Sie die Rückwand und die Seitenwände der Haube provisorisch zusammen, um zu kontrollieren, ob sie richtig auf den Wiegenkorpus passen. Korrigieren Sie gegebenenfalls, aber stellen Sie sicher, daß die Haubenteile nicht zu klein werden.

18 Verbinden Sie die Teile der Haube mit Leim und Nägeln (oder Schrauben). Kontrollieren Sie, ob die Haube rechtwinklig ist und immer noch richtig auf den Wiegenkorpus paßt. Entfernen Sie überschüssigen Leim. Setzen Sie Längsholzdübel in die Schraubenlöcher, und verputzen Sie sie. Nägel werden unter die Holzoberfläche getrieben, und die Vertiefungen werden gefüllt.

19

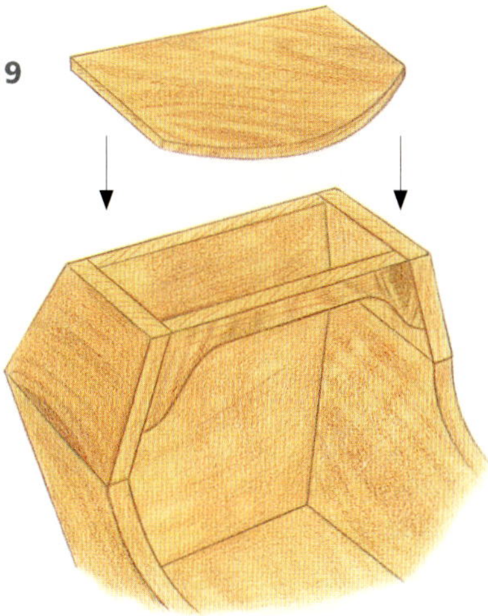

23

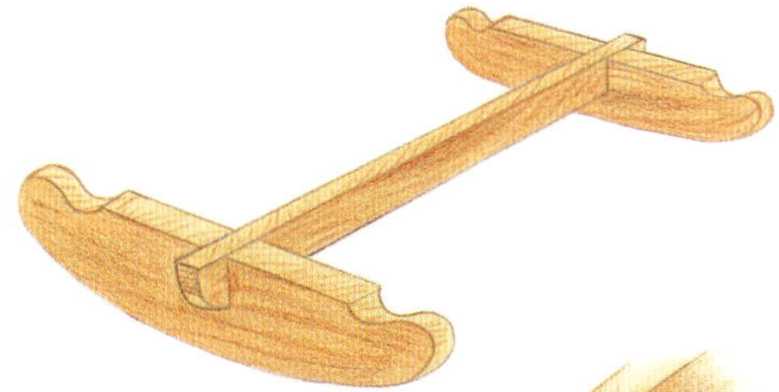

19 Schneiden Sie den Haubendeckel zu, und montieren Sie ihn. Das kann mit Leim und Drahtstiften geschehen, achten Sie aber darauf, daß das Holz nicht reißt (vgl. Seite 99).

20 Verputzen Sie dann die Verbindungskanten an der Haube, und runden Sie alle scharfen Kanten ab.

21

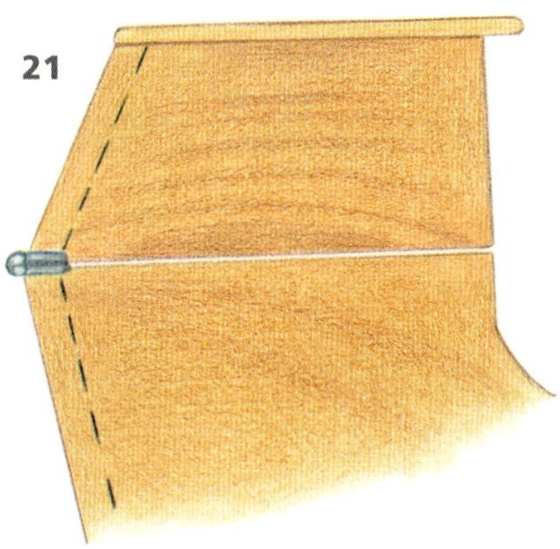

21 Die Haube wird mit Scharnieren am Korpus befestigt (vgl. Seite 82 für Hinweise zu Scharnieren).

22 Stellen Sie dann die Kufen her, und befestigen Sie sie am Korpus. Sägen Sie die beiden Kufen zu (vgl. Schablone auf Seite 121), und verputzen Sie die Sägekanten. Runden Sie die unteren Kanten ab, damit sie nicht wie Teppichmesser wirken. Schneiden Sie die Überplattung für die Strebe (vgl. Seite 104).

23 Schneiden Sie die Strebe auf Länge und Form. Verputzen Sie die Sägekanten. Schneiden Sie die Überplattung an der Strebe ein.

24 Kontrollieren Sie die Passung der Überplattung, und korrigieren Sie sie gegebenenfalls.

25 Stellen Sie die Wiege auf den Unterbau aus Kufen und Strebe. Reißen Sie die Maße des Unterbaus und seine Position an der Innenseite des Wiegenbodens an.

26 Bohren Sie zwei versenkte Schraubenlöcher entlang jeder Kufenlinie und zwei Löcher (es dürfen auch drei sein) entlang der Strebenlinie, so wie in Abbildung 27 und der Draufsicht auf Seite 65 gezeigt.

27

27 Befestigen Sie die Kufen und die Strebe mit Schrauben durch den Boden der Wiege.

28 Runden Sie eventuell noch vorhandene scharfe Kanten ab, und schleifen Sie alle Flächen und Kanten. Tragen Sie eine geeignete, ungiftige Beize und Politur auf. Alternativ können Sie die Wiege auch bemalen (vgl. Seite 108–113 für Hinweise zur Oberflächenbehandlung).

Truhe

SCHWIERIGKEITSGRAD
Mittel/Hoch

GRÖSSE
1016 x 457 x 483 mm

MATERIAL
Kiefer, Rotzeder

STÜCKLISTE
1 Vorderseite, 1 Hinterseite
1016 x 445 x 22 mm
2 Seitenteile
457 x 445 x 22 mm
1 Deckel
1067 x 457 x 22 mm
1 Boden
1016 x 457 x 22 mm
4 Seitenleisten
457 x 51 x 22 mm
3 Längsleisten
1016 x 51 x 22 mm
1 Mittelleiste
432 x 76 x 22 mm
2 Bandscharniere
1 Kastenschloß (Messing)
100 x 100 mm

Maßangaben in mm

Unsere Vorfahren bewahrten in Truhen nicht nur Kleidung, Bettwäsche und Wertsachen auf, die Truhen dienten auch als Sitzgelegenheit, als Tisch und manchmal sogar als Bett. Die einfachsten Formen waren kaum mehr als ausgehöhlte Baumstämme. Dann folgten grob behauene Eichenbretter, die an den Enden mit handgeschmiedeten Eisennägeln und -bändern verbunden wurden. Das 14. Jahrhundert sah die Einführung der Stollenbauweise, bei der die Truhen senkrechte Konstruktionselemente erhielten. Andere Truhen wurden zu dieser Zeit schon mit groben Zinkungen hergestellt. Mit der Weiterentwicklung der Tischlerei kamen dann Rahmen und Füllungen auf, und die gezinkten Verbindungen wurden verfeinert. Dadurch wurden die Truhen leichter und in der Herstellung durch den geringeren Materialverbrauch und die erforderlichen Fertigkeiten wirtschaftlicher. Die Truhe ist heute noch als vielseitiges Möbelstück sehr beliebt.

Arbeitsweise

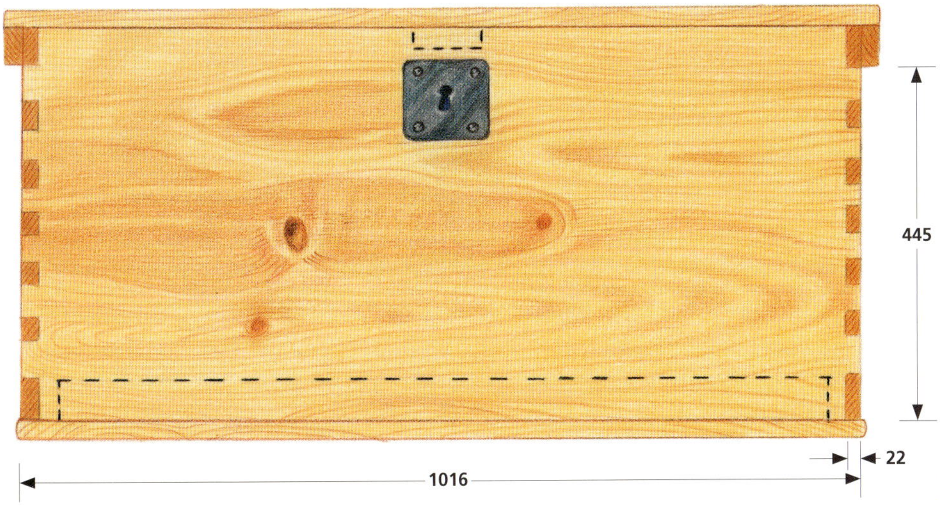

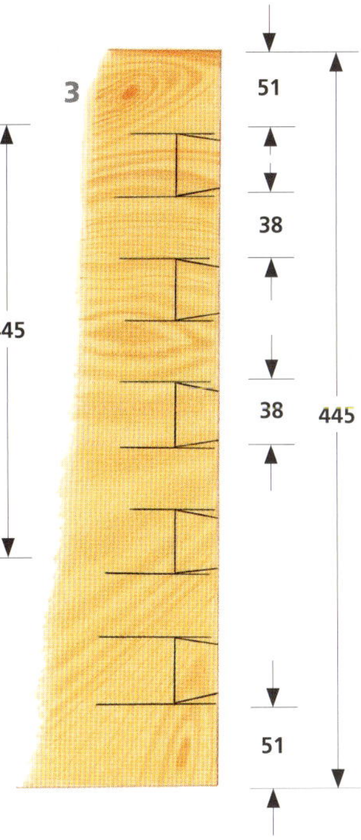

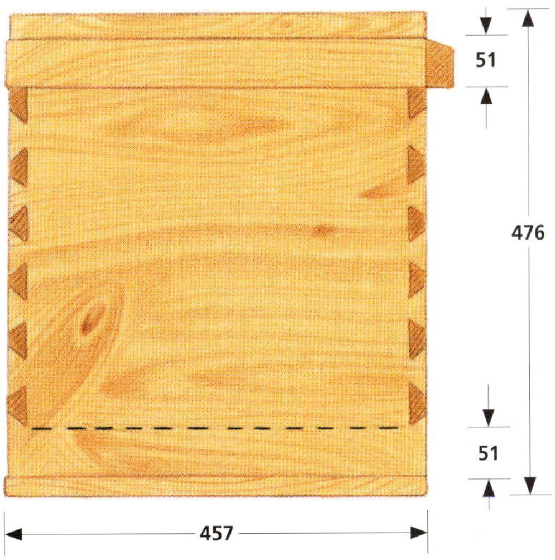

1 Im Idealfall sollte diese Truhe wie das links abgebildete Original aus einzelnen breiten Brettern hergestellt werden. Falls solche Bretter nicht zur Verfügung stehen, können Sie auch schmalere Bretter miteinander verleimen (vgl. Seite 100–101 für Hinweise).

2 Sägen Sie die vier Seiten auf Länge und Breite zu, und vergewissern Sie sich, daß die Kanten rechtwinklig sind. Bestimmen Sie die Sichtseiten, und achten Sie darauf, daß diese nach außen zeigen. Lassen Sie den Boden und den Deckel jetzt noch etwas übergroß, sie werden später, wenn die vier Seiten zum Korpus zusammengefügt sind, auf Größe geschnitten.

3 Reißen Sie die Schwalbenschwänze der Zinkung mit den angegebenen Maßen an den Seitenteilen an (vgl. Seite 103). Hinweis: Der obere und untere Schwalbenschwanz sind größer (51 mm), die anderen haben eine gleichmäßige Breite von 38 mm. Schneiden Sie die Schwalbenschwänze.

4 Verwenden Sie die Schwalbenschwänze als Schablonen und reißen Sie die Zinken an, schneiden Sie diese dann aus (vgl. Seite 103).

5 Kontrollieren Sie die Passung der Verbindung (nicht zu oft, da die Verbindung dadurch gelockert wird), und arbeiten Sie gegebenenfalls nach.

6 Säubern Sie die Innen- und Außenseiten der vier Seitenteile vor der Montage. Legen Sie sich Zwingen zurecht, wenn die Verbindungen gut passen, kann es sein, daß diese bei der Montage nicht notwendig sind.

7 Geben Sie Leim an, und verbinden Sie die beiden Seitenteile, die Vorder- und Hinterseite zu einem Korpus. Verwenden Sie gegebenenfalls Zwingen und kontrollieren Sie, ob der Korpus rechtwinklig ist. Entfernen Sie überschüssigen Leim. Lassen Sie den Korpus trocknen.

8

10

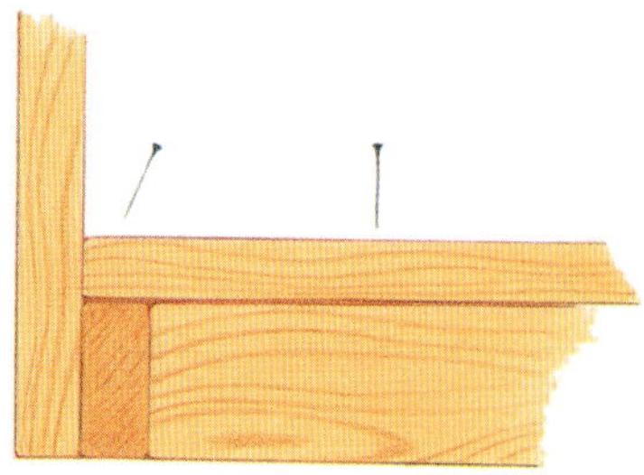

10 Dieses Verfahren ist zwar originalgetreu, aber nicht unbedingt die beste Konstruktionsweise. Besser ist es, den Boden so zuzuschneiden, daß er in den Korpus paßt, und ihn dann auf den Innenleisten zu befestigen.

8 Schneiden Sie zwei der Seiten- und zwei der Längsleisten auf Länge, und passen Sie sie innen in den Korpus ein, so daß sie bündig mit dessen Unterkante sind. Befestigen Sie die Leisten mit Leim und Schrauben oder Nägeln.

9

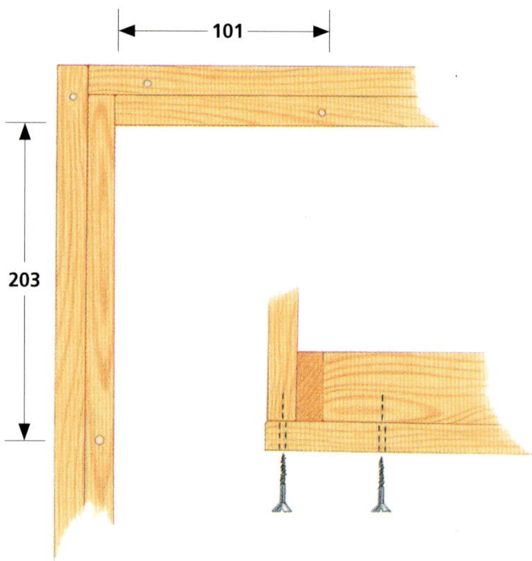

9 Schneiden Sie den Boden auf das Außenmaß des Korpus zu. Befestigen Sie ihn mit versenkten Schrauben, die versetzt angebracht werden, an den Seitenteilen mit einem Abstand von etwa 101 mm, an der Vorder- und Hinterseite etwa 203 mm.

11

11 Schneiden Sie jetzt den Deckel zu. Seine Breite sollte der Breite des Korpus entsprechen. In der Länge müssen Sie soviel zugeben, daß die Seitenleisten, die an seiner Unterseite befestigt werden, beim Schließen der Truhe nicht stören (vgl. Detailzeichnung).

12 Schneiden Sie die beiden Seitenleisten zu, und befestigen Sie sie wie abgebildet mit Leim und Schrauben oder Nägeln am Deckel. Verputzen Sie die Sägekanten, und runden Sie alle scharfen Kanten ab.

13 Schneiden Sie die Mittelleiste (76 mm) so zu, daß sie, ohne zu stören, innen über die Breite des Korpus paßt. Bringen Sie die Mittelleiste auf der Innenseite des Deckels an. Verwenden Sie Leim und Schrauben, um die notwendige Stabilität für die Anbringung des Schlosses zu gewährleisten.

14

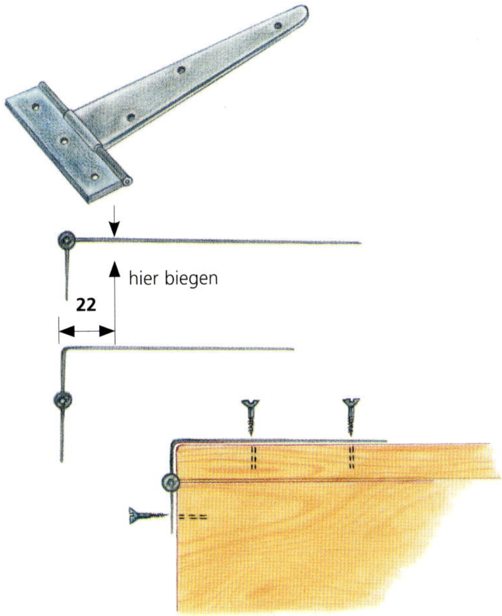

14 Bei der Originaltruhe war der Deckel mit langen, gekröpften Scharnieren am Korpus befestigt. Solche Scharniere sind heute schwer zu erhalten, Sie können aber statt dessen ein modernes Kreuzgehänge verwenden. Modifizieren Sie das Kreuzgehänge, indem Sie es vorsichtig, wie abgebildet, biegen. Sie können aber auch einfach Bandscharniere oder Kistenbänder verwenden (vgl. S. 82, Schritt 20 für Ratschläge zum Anbringen von Scharnieren).

15 Vergewissern Sie sich, daß der Deckel schließt, ohne die Scharniere zu belasten. Dazu kann es leichter Korrekturen bedürfen.

16

16 Bringen Sie die letzte Längsleiste mit Leim und Schrauben an der Rückseite des Korpus an, so daß sie bündig mit dessen Oberkante abschließt. Fasen Sie die Oberkante der Längsleiste leicht an, und klinken Sie sie an den Scharnieren etwas aus. Die Leiste verhindert im angebrachten Zustand, daß der Deckel sich zu weit nach hinten öffnen läßt.

17

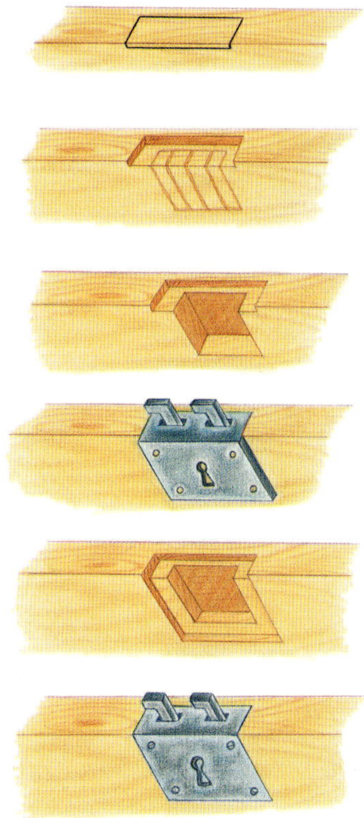

17 Passen Sie ein schweres Schloß so in die Truhe ein, wie es oben abgebildet ist. Reißen Sie die Position des Schlüsselloches an, und bohren Sie dort durch die Korpuswand. Stemmen Sie dann auf der Innenseite die Aussparung für das Schloß aus. Das Schließblech, das zum Lieferumfang des Schlosses gehört, wird auf der Unterseite des Deckels nahe an der Mittelleiste angebracht.

18 Nachdem das Schloß eingepaßt worden ist, können Sie auf der Außenseite eine Messingplatte (100 x 100 mm) mit passendem Schlüsselloch anbringen, um das Aussehen der Originaltruhe nachzuahmen.

19 Schleifen Sie abschließend alle Flächen und Kanten, und bringen Sie ein Oberflächenmittel Ihrer Wahl auf. Das Original war gebeizt, Details dazu finden Sie auf den Seiten 108–111. Falls Sie als Material Rotzeder verwendet haben, lassen Sie die Innenseite unbehandelt, weil der Geruch des Holzes Motten vertreibt.

Beistelltisch

SCHWIERIGKEITSGRAD
Hoch

GRÖSSE
914 x 762 x 559 mm

MATERIAL
Tischplatte: Kiefer
Gestell: Eiche, Kirsche, Buche

STÜCKLISTE
1 Tischplatte
914 x 559 x 22 mm
4 Beine
711 x 63 x 63 mm
2 lange Zargen
699 x 127 x 22 mm
2 kurze Zargen
343 x 127 x 22 mm
2 Querstreben
356 x 51 x 22 mm
2 Schubladenführungen
330 x 22 x 22 mm
1 Schubladen-Vorderstück
406 x 89 x 22 mm
2 Schubladenseiten
305 x 89 x 12 mm
1 Schubladen-Hinterstück
406 x 76 x 12 mm
1 Schubladenboden
330 x 406 x 6 mm

Maßangaben in mm

Der Beistelltisch ist ein verbreitetes Möbelstück, das zuerst im frühen 17. Jahrhundert hergestellt wurde. Die Tischplatte ist meist rechteckig oder quadratisch, manchmal aber auch halbkreisförmig. Früher wurden Beistelltische oft paarweise aufgestellt, jeweils einer an einem Ende eines Speisezimmers. Ein Beistelltisch wie unser Exemplar sollte „beiseite" gestellt werden, also gegen eine Wand, wo er zum Beispiel als Schreibtisch dienen könnte – bei dieser Verwendung erweist sich die Schublade als besonders nützlich. In der Vergangenheit wurden solche Tische in der Regel mit einem stabilen Gestell aus Laubholz hergestellt, während die Tischplatte aus preiswerterem Nadelholz wie Kiefer bestand, das passend gebeizt wurde. Falls der Tisch in der Küche verwendet werden soll, lassen Sie die Tischplatte ungebeizt, und scheuern Sie sie zur Reinigung.

Arbeitsweise

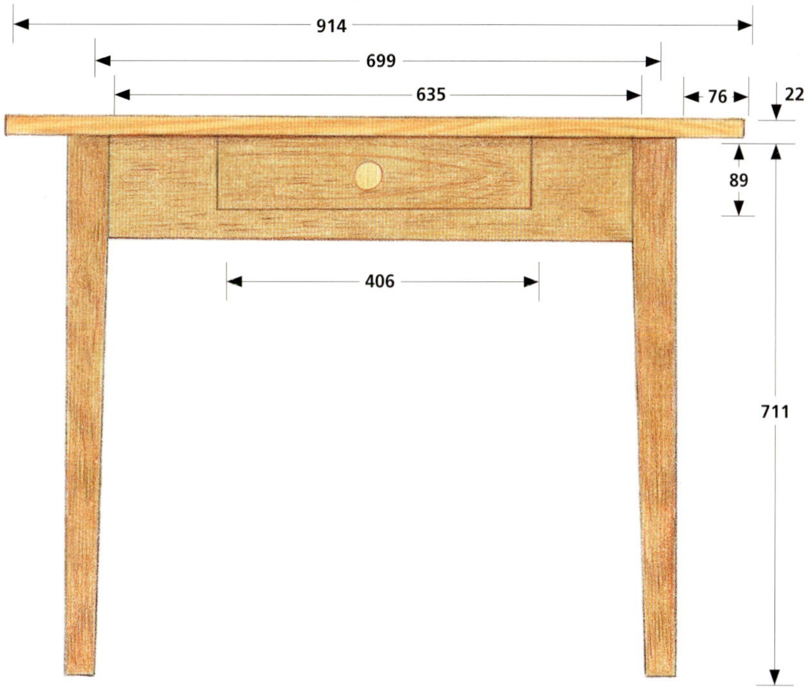

1 Die Tischplatte wird aus mehreren verleimten schmalen Brettern hergestellt. Suchen Sie dazu gerade Kiefernbretter aus, hobeln Sie die Schmalkanten glatt, und verleimen Sie die Bretter stumpf. Sie können auch eine der alternativen Methoden verwenden, die auf Seite 100–101 beschrieben werden. Falls die Platte für einen Küchentisch sein soll (also unbehandelt bleibt), verwenden Sie einen wasserfesten Leim.

2 Leimen Sie die Platte zusammen. Vergewissern Sie sich, daß sie eben ist, geben Sie an die Fügekanten Leim an, und spannen Sie die Platte mit mindestens drei Zwingen ein, wie auf Seite 101 gezeigt.

3 Schneiden Sie das Material für das Gestell zu. Die Beine verjüngen sich nach unten, und die Zargen werden mit Doppelzapfen in die Beine eingefügt (vgl. Seite 106 für Hinweise zu dieser Verbindung).

4

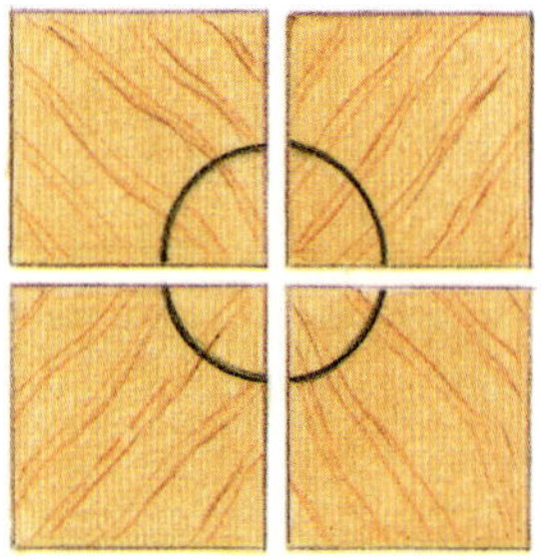

7

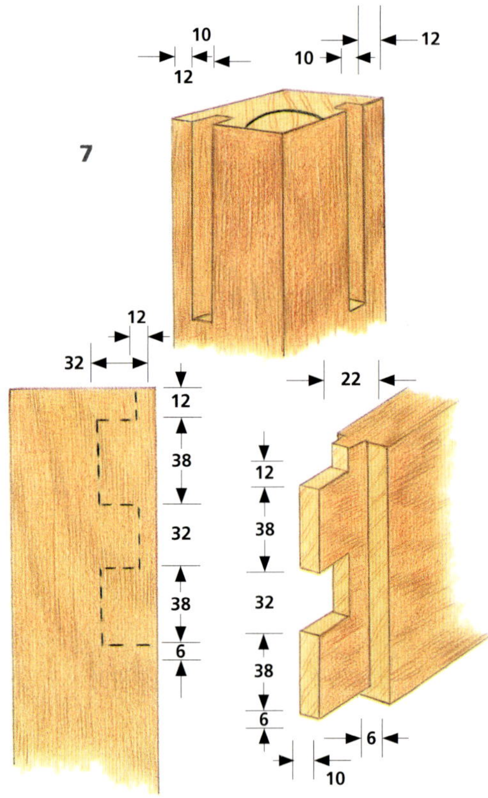

4 Markieren Sie die oberen Enden der Beine, wie in der Abbildung oben dargestellt. Diese Markierung ist nützlich, um später die Verjüngungen (Schritt 5) und die Schlitze für die Doppelzapfen (Schritt 6 und Abbildung 7) an den richtigen Seiten der Beine anzubringen.

5

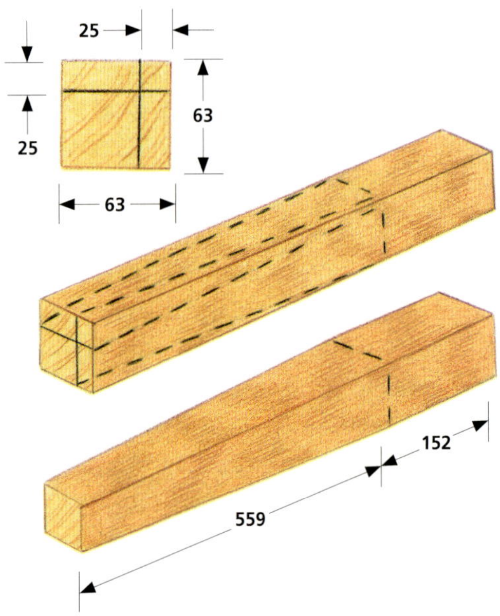

5 Verjüngen Sie die Beine jeweils nur auf den beiden Innenseiten, und lassen Sie die obersten 152 mm unverjüngt. Entfernen Sie den größten Teil des Verschnitts mit der Säge, und hobeln Sie dann nach. Schleifen Sie die Schnittflächen, um scharfe Kanten zu entfernen.

6 Reißen Sie die Schlitze für die Doppelzapfen an den Beinen an. Schneiden Sie die Schlitze, achten Sie dabei darauf, daß sie gerade und rechtwinklig werden. Beachten Sie die geringere Tiefe des Schlitzes oben (für die Feder des Zapfens) und in der Mitte.

7 Reißen Sie die Doppelzapfen wie abgebildet an den Zargen an. Schneiden Sie die Doppelzapfen, achten Sie darauf, daß sie gerade und rechtwinklig werden. Vergessen Sie die Feder oben und das zurückweichende Mittelstück nicht (vgl. Seite 106).

8 Setzen Sie die Doppelzapfen zur Probe in die jeweiligen Schlitze ein. Arbeiten Sie gegebenenfalls nach, bis Sie eine gute Passung erhalten.

9 Stecken Sie die Beine und die Zargen trocken (ohne Leim) zusammen, und überprüfen Sie auf Rechtwinkligkeit und Passung.

10 Legen Sie den Ausschnitt für die Schublade fest, und messen Sie Position und Länge der Querstreben (einschließlich der abgesetzten Zapfen) aus, die das Gestell verstärken und stabilisieren. Nehmen Sie das Gestell wieder auseinander.

11 Reißen Sie die Schubladenöffnung an der vorderen Zarge an, und schneiden Sie sie aus. Das lichte Maß der Öffnung sollte 406 x 89 mm betragen.

12 Reißen Sie die Position der Schlitze für die Querstreben an den Innenseiten der langen Zargen an (vgl. Abbildung unten). Stellen Sie sicher, daß die Querstreben parallel verlaufen. Schneiden Sie sorgfältig die Schlitze, die nicht mehr als 12 mm tief sein sollten.

13 Reißen Sie die abgesetzten Zapfen an den Querstreben an. Schneiden Sie die Zapfen, und kontrollieren Sie sie einzeln auf gute Passung. Die Oberseite der Querstreben sollten bündig mit der unteren Kante der Schubladenöffnung sein.

14 Setzen Sie das ganze Gestell zur Probe zusammen, einschließlich der Querstreben. Diese müssen dabei zuerst eingepaßt werden.

15 Falls die Beine zusätzlich mit Holzstiften gesichert werden sollen, sollten diese jetzt vorbereitet werden (vgl. Seite 107 für Hinweise dazu). Säubern Sie die Oberflächen, und bereiten Sie alles zum Leimen vor.

16 Geben Sie Leim an, und fügen Sie das gesamte Gestell zusammen. Passen Sie zuerst die Querstreben ein, und verbinden Sie dann die Zargen mit den Beinen. Spannen Sie sie mit Zwingen ein, oder sichern Sie sie mit Holzstiften. Vergewissern Sie sich, daß das Gestell rechtwinklig ist, entfernen Sie überschüssigen Leim, und lassen Sie den Leim vollkommen trocknen.

14

17

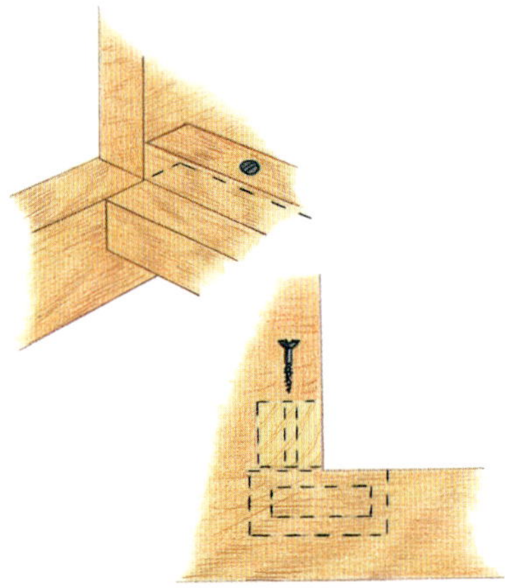

17 Bereiten Sie die Schubladenführungen vor, und bringen Sie sie an. Es ist besser, sie mit Schrauben zu befestigen, als sie anzuleimen. Sie sollten mit der Schubladenöffnung bündig abschließen und parallel zueinander verlaufen.

18

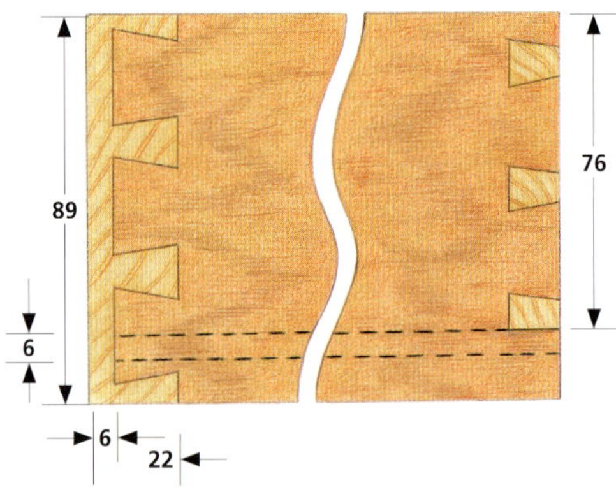

18 Stellen Sie dann die Schublade her. Hobeln Sie zuerst das Vorderstück auf Maß, so daß es gut in die Schubladenöffnung paßt. Schneiden Sie die beiden Schubladenseiten auf genau gleiche Länge und auf die Breite des Vorderstücks (Schubladenhöhe). Kontrollieren Sie die Enden auf Rechtwinkligkeit. Schneiden Sie das Hinterstück auf die gleiche Länge wie das Vorderstück. Beachten Sie jedoch, daß es schmaler ist als die Seiten und das Vorderstück, damit der Schubladenboden eingeschoben werden kann.

19 Schneiden Sie die Nut für den Schubladenboden in das Vorderstück und die Schubladenseiten (vgl. die gestrichelten Linien in der obenstehenden Abbildung).

20 Reißen Sie Zinkungen an, und schneiden Sie sie: am Vorderstück halbverdeckte Zinkungen, am Hinterstück normale Schwalbenschwänze. Vgl. Seite 102–103 zum Zinken und Abbildung 18 auf dieser Seite.

21 Reißen Sie erst die Schwalbenschwänze an beiden Enden der Seitenteile an, und schneiden Sie sie. Verwenden Sie dann die Schwalbenschwänze als Schablone für die Zinken am Vorder- und Hinterstück.

22 Stecken Sie die Verbindungen zur Probe zusammen (nicht öfter als notwendig), und arbeiten Sie gegebenenfalls nach, um eine gute Passung zu erreichen. Stecken Sie die Schublade trocken (ohne Leim) zusammen, und überprüfen Sie auf Rechtwinkligkeit. Nehmen Sie die Teile wieder auseinander, und säubern Sie die Oberflächen.

23 Geben Sie Leim an, und bauen Sie die Schublade zusammen. Spannen Sie die Schublade mit Zwingen ein, kontrollieren Sie auf Rechtwinkligkeit, und stellen Sie sie zum Trocknen beiseite.

24

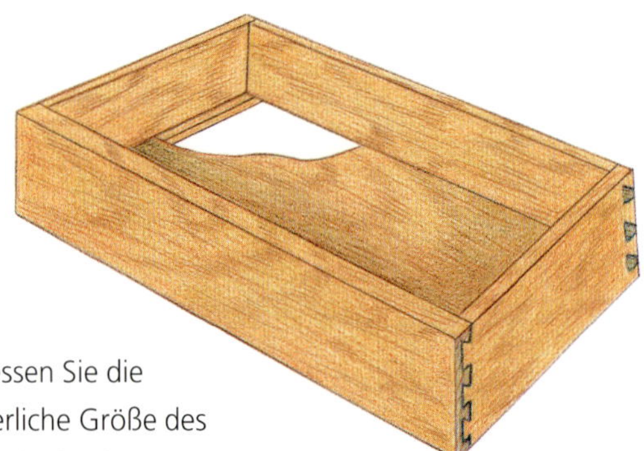

24 Messen Sie die erforderliche Größe des Schubladenbodens aus. Die Faser sollte quer von Seite zu Seite verlaufen. Passen Sie es in die Nut im Vorderstück und in den Seitenteilen ein (der Boden liegt unterhalb des Hinterstücks). Der Boden wird nicht eingeleimt, sondern an der unteren Kante des Hinterstücks festgeschraubt oder -geheftet.

25 Wenn die Schublade trocken ist, verputzen Sie die Verbindungen. Kontrollieren Sie sie auf Leichtgängigkeit in der Schubladenöffnung. Arbeiten Sie gegebenenfalls nach, bis die Schublade leicht in den Führungen gleitet.

26

26 Bringen Sie die Stopklötze wie abgebildet an. Es ist leichter, dies vor der Montage der Tischplatte zu tun.

27
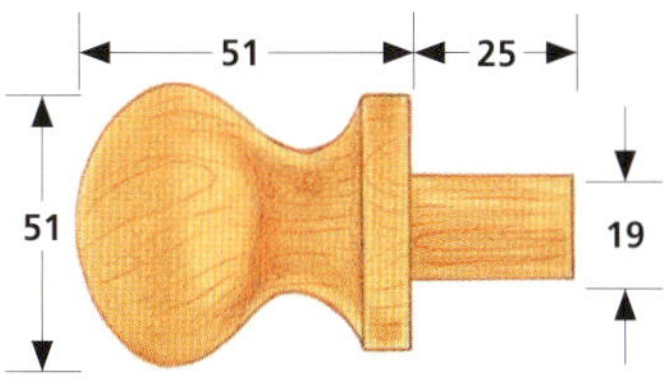

27 Stellen Sie einen Knauf als Schubladengriff her, oder kaufen Sie ein passendes Stück. Bohren Sie ein entsprechendes Loch in das Vorderstück, und leimen Sie den Zapfen ein. Verkeilen Sie den Zapfen von innen.

28
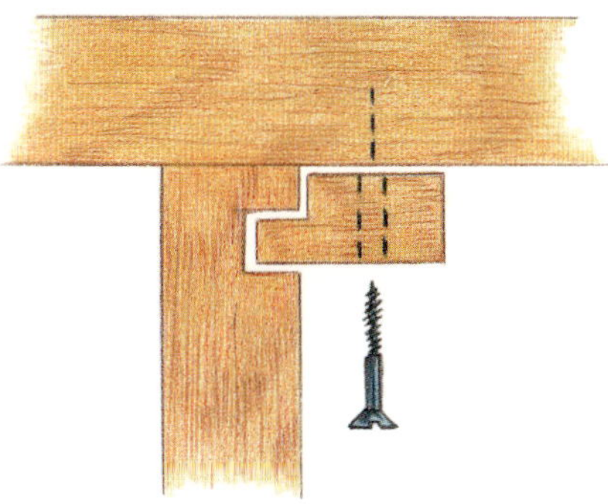

28 Jetzt können Sie die Tischplatte anbringen. Meist werden dazu Schwundklötze verwendet. Sie werden an der Platte festgeschraubt, sitzen aber frei in entsprechenden Schlitzen in den Zargen, um das Arbeiten des Holzes zu ermöglichen. Die Stufe im Schwundklotz sollte etwas flacher als der Abstand zwischen Oberkante der Zarge und dem Schlitz in der Zarge sein, damit der Klotz die Tischplatte nach unten zieht. Achten Sie darauf, daß die Schrauben nicht zu lang sind. Bringen Sie an jeder Zarge zwei Schwundklötze an.

29

29 Bevor Sie die Tischplatte anbringen, sollten Sie die Oberfläche gut glatt hobeln, die Schmalkanten hobeln und oben anfasen und die Ecken brechen. Dann wie in Schritt 28 beschrieben montieren.

30 Das Gestell kann dunkler gebeizt werden oder dem Verwendungszweck entsprechend oberflächenbehandelt werden (vgl. Seite 108–113). Die Tischplatte aus Kiefer kann auch mit klarem Lack behandelt werden, falls der Tisch jedoch in der Küche verwendet werden soll, wird er unbehandelt gelassen und gelegentlich abgescheuert.

Hängeschränkchen

SCHWIERIGKEITSGRAD
Hoch

GRÖSSE
686 x 508 x 229 mm

MATERIAL
Kiefer

STÜCKLISTE
KORPUS
1 Seitenteile
660 x 178 x 19 mm
1 Oberteil
457 x 178 x 19 mm
1 Boden
457 x 178 x 19 mm
1 Regalbrett
457 x 171 x 19 mm
1 Rückwand
660 x 483 x 10 mm

FRONTRAHMEN
2 Längsfriese
660 x 76 x 19 mm
2 Querfriese
406 x 76 x 19 mm
1 Mittelfries
406 x 76 x 19 mm

TÜR
2 Längsfriese
381 x 76 x 19 mm
2 Querfriese
254 x 76 x 19 mm
1 Füllung
254 x 203 x 12 mm

SCHUBLADE
1 Vorderstück
330 x 76 x 12 mm
2 Seitenteile
178 x 76 x 12 mm
1 Hinterstück
330 x 64 x 12 mm
1 Aufdoppelung
343 x 89 x 12 mm
1 Boden
305 x 178 x 6 mm
4 Schubladenführungen
178 x 12 x 12 mm

Maßangaben in mm

Hängeschränkchen wie dieses fanden sich früher in fast jedem Zimmer des Hauses. In der Küche wurden darin Lebensmittel, Dosen, Gewürze und Küchengeräte aufbewahrt; im Badezimmer dienten sie als Medikamentenschränkchen (wozu sie sich auch heute noch vorzüglich eignen); und im Wohnzimmer bewahrte man darin Bücher oder wichtige Familiendokumente auf. Falls es nötig war – bei Medikamenten zum Beispiel –, konnten sie leicht mit einem Schloß ausgestattet werden. Lebensmittelschränke hatten oft durchlöcherte Vorderseiten, um die Luft zirkulieren zu lassen, die Fliegen aber draußen zu halten. Das Hängeschränkchen, das im folgenden beschrieben wird, ist zwar etwas aufwendig für ein ländliches Möbelstück, es basiert aber auf einem Original, das um 1750 in Pennsylvania entstanden sein soll.

Arbeitsweise

1 Suchen Sie das Material aus, und schneiden Sie alle Teile auf Größe. Achten Sie darauf, daß die Schnitte genau rechtwinklig verlaufen (vgl. Seite 94 für Hinweise). Lagern Sie zusammengehörige Teile zusammen, also die Schubladenteile zusammen, die Korpusteile zusammen usw.

2 Hobeln Sie zuerst die Bretter glatt, die zu breiteren Brettern verleimt werden sollen, und stellen Sie die Bretter her.

3

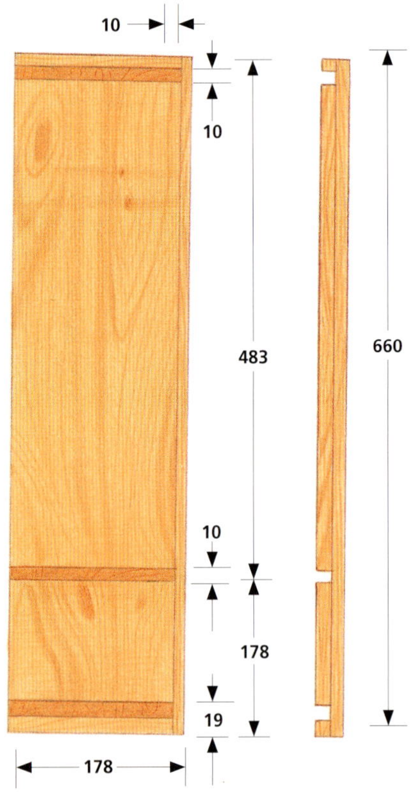

4 Stecken Sie die Teile trocken (ohne Leim) zusammen und überprüfen sie auf Rechtwinkligkeit und Passung; nehmen sie dann wieder auseinander und säubern die Oberflächen.

5 Geben Sie Leim an, und bauen Sie den Korpus zusammen. Überprüfen Sie nochmals auf Rechtwinkligkeit, und spannen Sie den Korpus mit Zwingen zusammen.

6

3 Stellen Sie zuerst den Korpus her. Reißen Sie dazu die Nuten an, die Oberteil, Boden und mittleres Regalbrett aufnehmen sollen, und schneiden Sie die Nuten. Schneiden Sie einen 10 mm breiten Falz für die Rückwand (vgl. Seite 101 für Hinweise zum Fälzen).

6 Der Frontrahmen wird mit Schlitz-und-Zapfen-Verbindungen hergestellt (vgl. Seite 104–106 für Hinweise zu gezapften Verbindungen). Kontrollieren Sie die Länge der Friese. Der Rahmen kann etwas größer als der Korpus sein, damit man ihn später mit diesem bündig hobeln kann.

7 Reißen Sie Schlitze an den Längsfriesen und die Zapfen an den Querfriesen an, und stellen Sie die Schlitze und Zapfen her. Da die Friese 19 mm dick sind, sollten die Zapfen und Schlitze ein Maß von 6 mm aufweisen.

8 Kontrollieren Sie jede Verbindung auf gute Passung. Stecken Sie Teile trocken (ohne Leim) zusammen, und überprüfen Sie den Rahmen auf Rechtwinkligkeit. Nehmen Sie die Teile wieder auseinander, und säubern Sie die Oberflächen.

9 Geben Sie Leim an, und bauen Sie den Rahmen zusammen. Spannen Sie ihn mit Zwingen zusammen, und überprüfen Sie, ob er sich nicht verzogen hat.

10 Die Tür ist als Rahmen mit Füllung mit Schlitz-und-Nutzapfen-Verbindungen ausgeführt. Auch dieser Rahmen sollte mit leichter Übergröße hergestellt werden, damit er später auf die lichte Größe der Türöffnung gehobelt werden kann.

11 Schneiden Sie an den Innenseiten aller vier Türfriese eine Nut (6 x 6 mm), um die Füllung aufzunehmen (vgl. Seite 101).

12 Reißen Sie Schlitze an den Längsfriesen an, und schneiden Sie sie.

13 Reißen Sie an beiden Enden der Querfriese die Nutzapfen an, und schneiden Sie die Zapfen. Die Feder am Nutzapfen wird so zugeschnitten, daß Sie in die umlaufende Nut paßt und diese ausfüllt.

14 Stecken Sie Teile trocken (ohne Leim) zusammen, und überprüfen Sie auf Rechtwinkligkeit und Passung.

15 Messen Sie dabei die lichte Weite und Höhe der Innenöffnung für die Füllung. Addieren Sie zu diesen Maßen jeweils 10 mm, um die Tiefe der Nut zu berücksichtigen. Nehmen Sie den Türrahmen wieder auseinander.

16 Schneiden Sie die Füllung auf das in Schritt 15 festgelegte Maß. Hobeln Sie an allen Seiten eine flache Fase an die Füllung, wie in Abbildung 10 dargestellt, und setzen Sie die Füllung zur Probe in die Nut des Türrahmens ein.

17

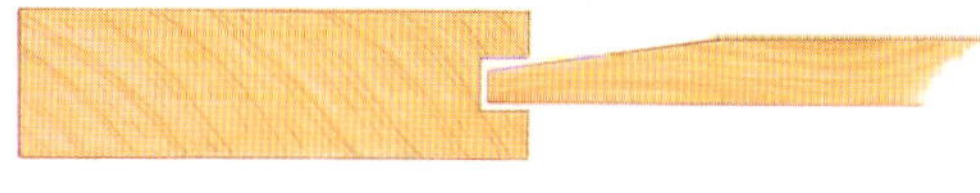

17 Setzen Sie den Türrahmen mit der Füllung trocken (ohne Leim) zusammen, die angefaste Seite der Füllung zeigt dabei nach außen. Überprüfen Sie auf Rechtwinkligkeit, nehmen Sie die Teile wieder auseinander, und säubern Sie die Oberflächen.

18 Geben Sie Leim an die Rahmenverbindungen, und setzen Sie die Tür mit der Füllung zusammen. Die Füllung wird nicht eingeleimt, sondern trocken in die Nut gesteckt. Überprüfen Sie nochmals auf Rechtwinkligkeit, und spannen Sie die Tür mit Zwingen zusammen.

19 Befestigen Sie den Frontrahmen mit Leim und Nägeln am Korpus. Treiben Sie Nägel unter die Oberfläche, und füllen Sie die Vertiefungen. Hobeln Sie den Überstand am Rahmen ab.

20

20 Kontrollieren Sie die Größe der Tür im Vergleich zur Größe der Türöffnung, und passen Sie die Tür ein. Die Fugen sollten möglichst schmal sein. Reißen Sie die Position der Scharniere an, und stemmen Sie die Aufnahmen für die Scharniere aus. Setzen Sie die Tür ein.

21 Um die Herstellung der Schublade zu vereinfachen, werden am Vorder- wie am Hinterstück einfache Schwalbenschwanzzinkungen verwendet (vgl. Seite 102–103 für Hinweise). Die Aufdoppelung am Vorderstück verdeckt die Zinkung und erspart auch das Anbringen von Stopklötzen.

22

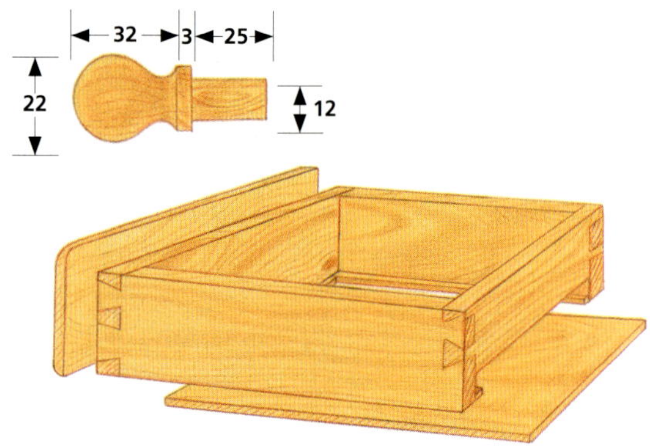

22 Hobeln Sie zuerst das Vorderstück auf Maß, so daß es gut in die Schubladenöffnung paßt. Schneiden Sie das Hinterstück auf die gleiche Länge wie das Vorderstück und die Seitenteile auf die gleiche Breite wie das Vorderstück. Kontrollieren Sie die Enden auf Rechtwinkligkeit, und markieren Sie die benachbarten Teile der Verbindungen.

23 Reißen Sie die Schwalbenschwänze an den Seitenteilen an, und schneiden Sie sie aus (vgl. S. 102–103 für Hinweise).

24 Verwenden Sie die Schwalbenschwänze als Schablone, und reißen Sie die Zinken an.

25 Schneiden Sie die Zinken aus (vgl. S. 23), und setzen Sie jede Verbindung zur Probe einmal (nicht öfter) zusammen.

26 Stecken Sie die Schublade trocken (ohne Leim) zusammen, und überprüfen Sie auf Rechtwinkligkeit. Nehmen Sie die Teile wieder auseinander, und säubern Sie die Oberflächen als Vorbereitung für den nächsten Schritt.

27 Geben Sie Leim an, und bauen Sie die Schublade zusammen. Spannen Sie die Schublade mit Zwingen ein, und überprüfen Sie nochmals auf Rechtwinkligkeit. Wenn die Schublade trocken ist, entfernen Sie überschüssigen Leim im Bereich der Zinkungen.

28 Legen Sie den Schubladenboden (die Faser verläuft quer, von Seite zu Seite) auf Leisten, die Sie am Vorderstück und den Seitenteilen mit Leim und Stiften angebracht haben. Der Boden wird nicht eingeleimt, sondern an der unteren Kante des Hinterstücks festgeheftet.

29 Befestigen Sie die Aufdoppelung mit Leim und Nägeln so am Vorderstück, daß es an allen Seiten gleichmäßig übersteht. Treiben Sie die Nägel unter die Holzoberfläche, und füllen Sie die Vertiefungen mit Holzkitt oder einer Mischung aus Leim und feinen Sägespänen. Runden Sie die Vorderkanten an der Aufdoppelung ab, wenn der Leim vollkommen trocken ist.

30

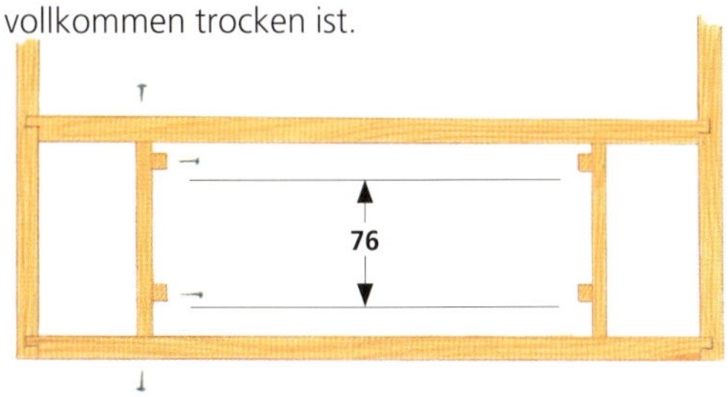

30 Die Schublade wird von einfachen Führungen gehalten, die an Querstreben angebracht werden, wie es die Abbildung oben zeigt.

31 Schneiden Sie die Leisten für den Kranz auf Länge, und versehen Sie die Enden mit Gehrungen. Hobeln Sie an der unteren Kante jeder Leiste eine Fase von 12 mm an.

32

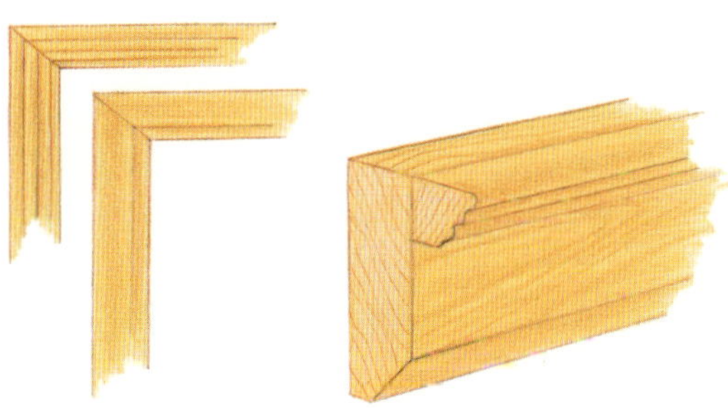

32 Befestigen Sie die Kranzleisten mit Leim und Schrauben oder Nägeln.

33 Schneiden Sie die oberen und unteren Profilleisten auf Gehrung. Befestigen Sie die Profilleisten mit Leim und Drahtstiften. Bringen Sie die mittlere Profilleiste an.

34 Schneiden Sie die Rückwand auf Größe, und heften Sie sie im Falz ein.

35 Fertigen Sie zwei gleiche Griffknöpfe für die Tür und die Schublade an. Sie können auch gekaufte Griffe verwenden. Bohren Sie Löcher für die Zapfen an den Griffknöpfen, und leimen Sie die Knöpfe ein.

36 Das Original des Hängeschränkchens war mehrmals lackiert worden, die oberste Farbschicht war matt blau. Auf Seite 110 und 113 ist beschrieben, wie man ein ähnliches, gealtertes Aussehen erreichen kann.

Bauernbett

SCHWIERIGKEITSGRAD
Hoch

GRÖSSE
2032 x 1422 x 1118 mm

MATERIAL
Kiefer

STÜCKLISTE
2 Pfosten
1118 x 76 x 76 mm
2 Pfosten
864 x 76 x 76 mm
1 Kopfbrett
1346 x 813 x 19 mm
1 Fußbrett
1346 x 559 x 19 mm
2 Seitenteile
1955 x 152 x 19 mm
2 Lattenträger
1905 x 51 x 483 mm
12 Latten
1320 x 76 x 25 mm
4 Holzkugeln
76 mm Durchmesser
4 Schlüsselschrauben
159 mm

Die angegebenen Maße sind für eine Matratze mit den Maßen 1900 x 1370 mm. Es empfiehlt sich jedoch, die Matratze, die verwendet werden soll, vor Beginn der Arbeit auszumessen und die Maße gegebenenfalls entsprechend zu verändern. Vgl. Schablone für das Herzmotiv auf Seite 121. Hinweis: Nachdem alle Oberflächen gesäubert worden sind, können Sie klaren oder farbigen Lack oder eine Beize auftragen (vgl. Seite 108–113 für Hinweise zur Oberflächenbehandlung).

Maßangaben in mm

Der einfachste Entwurf für ein Bett besteht aus einem Rahmen, bei dem die beiden oberen Eckpfosten verlängert wurden, um ein schlichtes Kopfbrett aufzunehmen. Die Latten hatten ursprünglich einen geflochtenen Matratzenträger ersetzt, wurden aber selbst durch Bettfedern abgelöst. Mitte des 19. Jahrhunderts kamen dann Bettgestelle aus Eisen und Messing in Mode. Ländliche Tischler stellten jedoch immer noch Betten mit Holzgestellen her, die auch heute immer noch (oder wieder) sehr beliebt sind. Dieses solide, massige Bett mutet ausgesprochen ländlich an. Die beiden herzförmigen Ausschnitte sind typisch für bäuerliche Tischlerarbeiten der Alpenregion.

Arbeitsweise

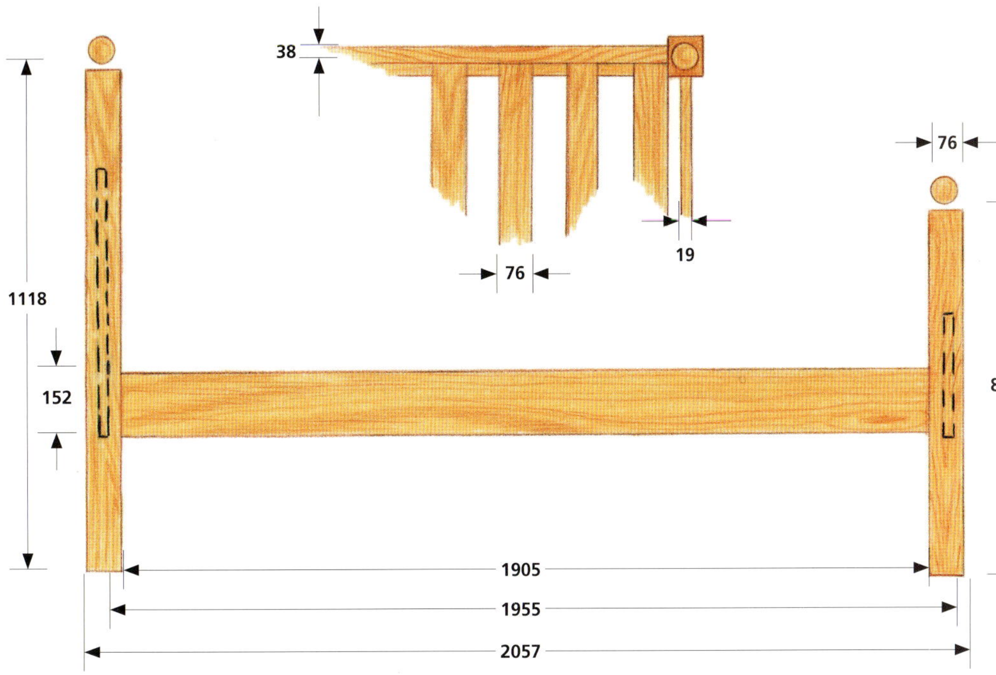

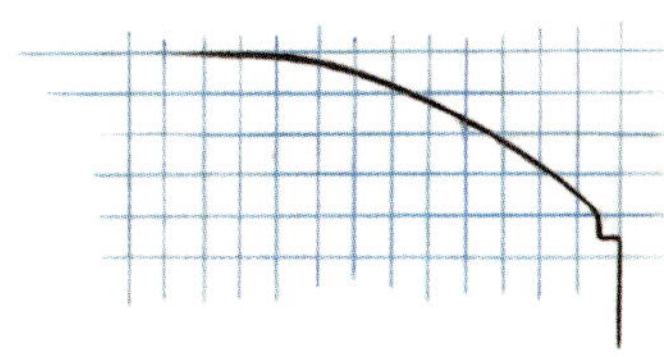

Raster = 51 mm

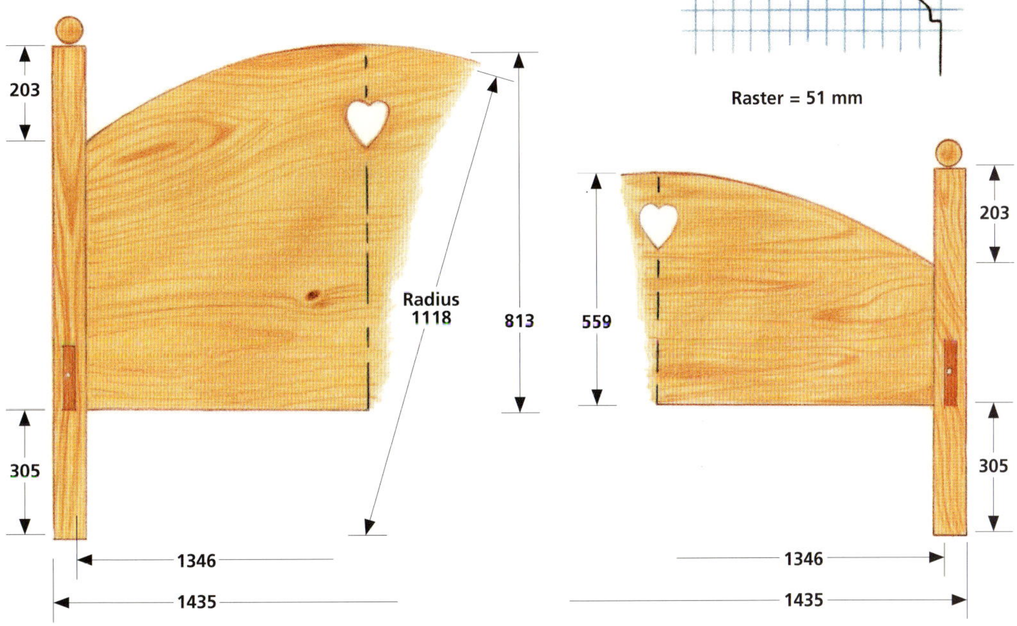

1 Stellen Sie die Kopf- und Fußbretter her, indem Sie schmalere Bretter zusammenleimen (vgl. Seite 100–101 für Hinweise). Die einzelnen Bretter sollten so breit wie möglich sein, damit es nicht zu viele Leimfugen gibt.

2 Ist der Leim getrocknet, säubern Sie die Oberflächen der Bretter, und kontrollieren Sie, ob sie nicht windschief sind. Schneiden Sie die Bretter auf Länge. Achten Sie darauf, daß die Schnitte rechtwinklig verlaufen.

3 Verwenden Sie das Raster auf der vorhergehenden Seite, um die gerundeten Oberkanten der Bretter anzureißen und zu schneiden.

4 Reißen Sie herzförmige Ausschnitte an, und schneiden Sie sie: Verwenden Sie dazu die Schablone auf Seite 121. Runden Sie alle Sägekanten ab.

5 Sägen Sie die Eckpfosten auf Länge, und glätten Sie alle Oberflächen mit dem Hobel oder durch Schleifen. Die Holzkugeln sind zusätzliche Verzierungen und können später angebracht werden. Markieren Sie die Pfosten am unteren Ende, wie in der Abbildung gezeigt, um beim Anreißen der Verbindungen keine Verwechslungen aufkommen zu lassen.

6

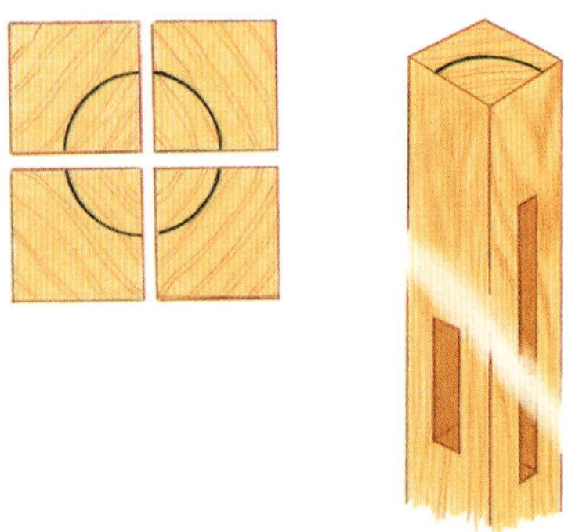

6 Das Kopf- und Fußbrett werden in ganzer Stärke in die Pfosten eingenutet. Nehmen Sie die Maße von Ihren Brettern ab, da diese von den angegebenen Maßen abweichen können. Arbeiten Sie die Nuten mit etwas Untermaß, und verschmälern Sie die Enden der Bretter geringfügig, um eine enge Passung zu erhalten.

7

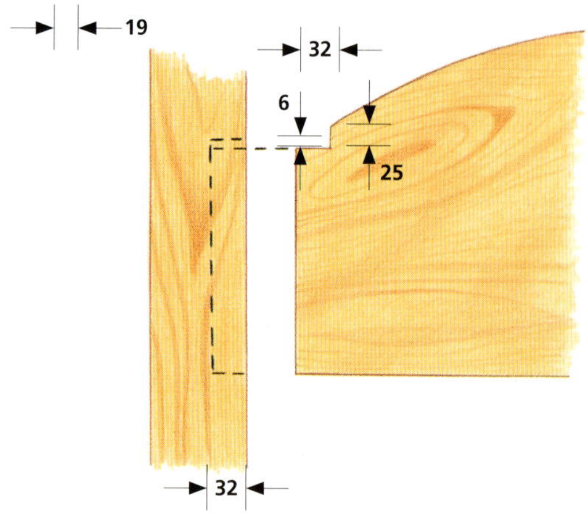

7 Das Kopf- und das Fußbrett werden jeweils oben abgesetzt, um in die Nut zu passen. Der Teil, der stehengelassen wird, solllte etwas kürzer als die Nut sein (vgl. Abbildung). Dadurch können Maßveränderungen aufgrund des Arbeitens der Bretter aufgenommen werden.

8 Passen Sie die Bretter trocken (ohne Leim) einzeln in die entsprechenden Nuten ein. Arbeiten Sie gegebenenfalls nach, bis die Enden der Bretter in ganzer Tiefe in die Nuten passen und die Passung gut ist. Nehmen Sie die Teile wieder auseinander, und legen Sie das Kopf- und Fußbrett für später beiseite.

9

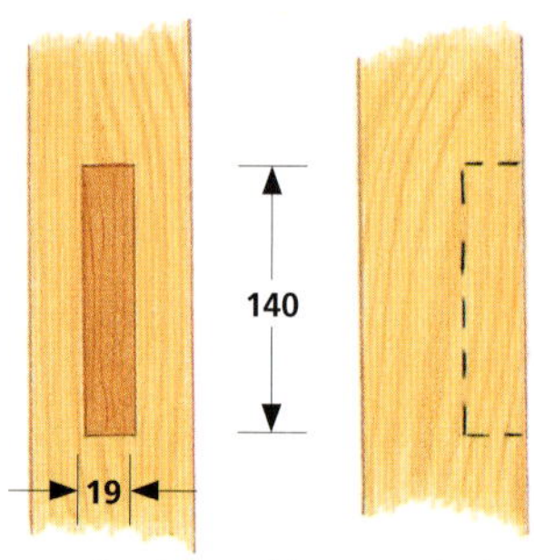

9 Reißen Sie an den benachbarten Flächen der Eckpfosten die Nuten für die Seitenteile an. Dabei erweisen die Bleistiftmarkierungen an den unteren Enden der Pfosten ihre Nützlichkeit. Schneiden Sie die Nuten (vgl. S. 104–106 für Hinweise).

10 Schneiden Sie die Seitenteile auf Länge. Achten Sie darauf, daß die Schnitte rechtwinklig verlaufen. Hobeln oder schleifen Sie die Seitenteile glatt.

11

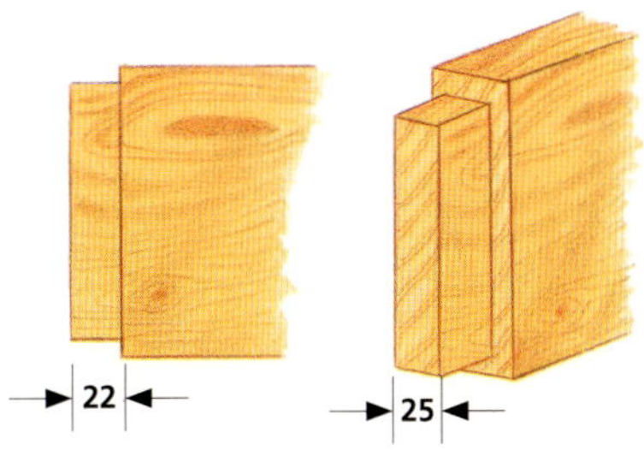

11 Reißen Sie die Zapfen an jedem Ende der Seitenteile an, und schneiden Sie sie aus (vgl. Seite 104–106 für Hinweise).

12 Stecken Sie die Seitenteile und die Eckpfosten zur Probe trocken (ohne Leim) zusammen. Arbeiten Sie gegebenenfalls nach, bis Sie eine gute Passung erhalten.

13 Leimen Sie das Kopf- und Fußbrett in die Pfosten ein. Die Zapfen der Seitenteile werden jedoch nicht geleimt, sondern durch Schlüsselschrauben in den Eckpfosten gehalten, was die Montage wie auch die Demontage des Bettgestells erleichtert. Die entsprechenden Schrauben können sie kaufen oder aus Gewindestangen fertigen.

14

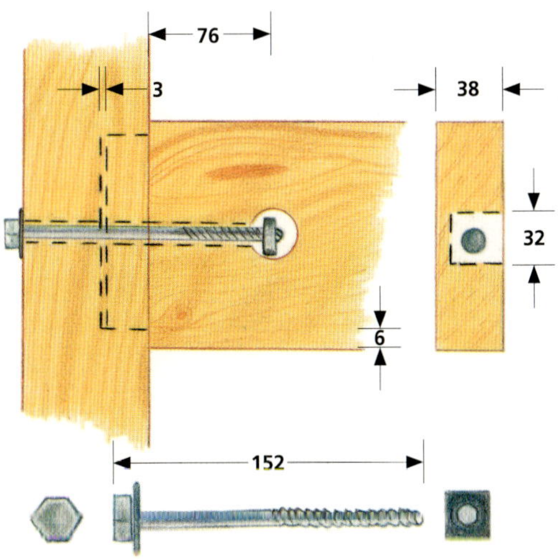

14 Die Abbildungen zeigen, wie die Schrauben angebracht werden, Sie müssen die Maße den tatsächlich verwendeten Schrauben anpassen. Die Vertiefung zur Aufnahme der Mutter wird auf der Innenseite des Seitenteils gebohrt. Legen Sie den Eckpfosten auf eine Werkbank, wobei der Zapfen des Seitenteils in dem entsprechenden Schlitz steckt, und bohren Sie das Loch vorsichtig durch das Seitenteil.

15 Probieren Sie jede Verbindung einzeln aus, indem Sie die Schraube und Mutter einsetzen und solange anziehen, bis die Brüstungen der Zapfen dicht an die Eckpfosten anschließen. Markieren Sie die einzelnen Teile, damit sie genauso wieder zusammengesetzt werden können. Nehmen Sie die Teile wieder auseinander.

16 Falls Sie Holzkugeln als Schmuck anbringen möchten, bohren Sie im Mittelpunkt der Eckpfosten Löcher für die Verbindungsdübel. Leimen Sie die Dübel und die Kugeln auf die Eckpfosten. Fasen Sie die langen Kanten der Eckpfosten an, und runden Sie die oberen Kanten ab, falls Sie keine Schmuckkugeln angebracht haben.

17 Verbinden Sie jetzt das Kopf- und das Fußbrett mit den entsprechenden Eckpfosten. Geben Sie Leim in die Nuten der Eckpfosten, setzen Sie die Bretter ein, und spannen Sie sie mit Zwingen fest. Überschüssigen Leim entfernen. Lassen Sie den Leim trocknen.

18

18 Die Matratze liegt auf Latten, die auf Lattenträgern ruhen, die innen mit den Seitenteilen verleimt und verschraubt sind. Bringen Sie die Lattenträger so an, daß ihre Oberflächen bündig mit den Oberkanten der Seitenteile abschließen oder etwas darunter liegen.

19 Bauen Sie jetzt das Bettgestell zusammen. Vergewissern Sie sich, daß die Seitenteile passen und von den Schrauben dicht an die Eckpfosten gezogen werden. Schneiden Sie die Latten so zu, daß sie zwischen die Seitenteile passen. Legen Sie die Latten mit gleichmäßigen Abständen aus. Sie können lose eingelegt werden, besser ist es jedoch, sie an zwei Stoffstreifen mit Drahtstiften oder Heftklammern zu befestigen. Schrauben Sie die oberste und unterste Latte fest, damit der Lattenrost an Ort und Stelle fixiert wird.

Die Voraussetzungen

Werkzeuge & Technik

WICHTIGE WERKZEUGE

Bandmaß
Lineal
Anreißmesser
Streichmaß
Zapfenstreichmaß (Doppelstreichmaß)
Tischlerwinkel oder Kombi-Winkel
Schmiege
Bleistifte (HB)
Zirkel

Absetz-Säge
Rückensäge
Laubsäge mit Ersatzblättern

Rauhbank
Putzhobel
Hirnholzhobel
Ziehklinge
Schweifhobel
Ziehmesser
Stechbeitel
Schnitzeisen und -messer
Klüpfel

Schlosserhammer
Nageleintreiber
Kneifzange
Schraubendreher

Handbohrer (Bohrwinde)
Schlangenbohrer
Forstnerbohrer
Vorstecher

Raspel oder Feile, halbrund
Schleifpapier
Zwingen
Schleifsteine

ZUSÄTZLICHE ELEKTROWERKZEUGE

Bohrmaschine
Schwingschleifer
Handoberfräse
Stich- oder Bandsäge

Maßangaben in mm

Die meisten in diesem Buch vorgestellten Werkstücke erfordern nur sehr einfache Werkzeuge. Es ist also nicht notwendig, sich eine aufwendige oder teure Ausrüstung zuzulegen. Allerdings werden grundlegende Kenntnisse im Umgang mit diesen Werkzeugen vorausgesetzt.

Als Anfänger sollten Sie mit den als „leicht" gekennzeichneten Stücken beginnen und sich durch diese hindurcharbeiten. So eignen Sie sich schnell die Fähigkeiten an, die Sie brauchen, um auch die mittleren und schwierigen Werkstücke zu bewältigen.

Alle Stücke können Sie allein mit Handwerkszeugen anfertigen. Nun ist die Arbeit mit Handwerkszeugen zwar ungemein befriedigend, auf der anderen Seite kann sie jedoch anstrengend und zeitintensiv werden, wenn Sie ganz auf elektrische Werkzeuge verzichten. Zudem setzt die Arbeit mit Handwerkszeugen oft ein hohes Maß an Können voraus. Wenn Sie also Elektrowerkzeuge haben, und Sie wissen, wie man sie sachgemäß und sicher handhabt, dann sollten Sie sie auch benutzen. Bei meiner eigenen Arbeit kombiniere ich oft verschiedene Methoden: Für die grundlegenden Arbeiten, zumal solchen, die sich wiederholen, wie der Holzzuschnitt und das auf Dicke hobeln, verwende ich Elektromaschinen; die Formgebung und die Arbeit an den Verbindungen geschieht mit Hand- und Elektrowerkzeugen; die Detailarbeit und die Oberflächenbehandlung wird mit Handwerkszeugen gemacht.

Die ländlichen Holzhandwerker vergangener Zeiten besaßen nur wenige Werkzeuge. Meist sind es wohl nicht hochspezialisierte Tischlerwerkzeuge, sondern eher Vielzweckgeräte gewesen, die für verschiedene Aufgaben in Haus und Hof eingesetzt werden konnten. Zum Spalten und groben Zuhauen wird man etwa eine Axt und eine Dechsel benutzt haben, Holzverbindungen wurden mit einer Säge und einigen Stechbeiteln hergestellt, geformt wurden die Werkstücke mit dem Ziehmesser, dem Schweifhobel und Raspeln und Feilen; die Oberflächen glättete man mit dem Hobel; Löcher wurden mit der Bohrwinde hergestellt; mit Hammer und Nägeln stellte man einfache Befestigungen her; und feine Details konnte man mit dem Messer herausarbeiten.

Auch die Konstruktionsmethoden sind wohl von allgemeiner Art und relativ einfach gewesen; als Material wird das Holz gedient haben, das zur Verfügung stand und sich für die jeweilige Aufgabe eignete. Die grundlegenden Techniken der Holzbearbeitung – das Formen des Holzes und die Herstellung von Verbindungen – sind schon seit Tausenden von Jahren bekannt. Die Arbeitsmethoden des Tischlers haben sich aus anderen Gewerken heraus entwickelt, vor allem aus der Zimmerei, aber auch aus der Stellmacherei, dem Bau von hölzernen Zäunen und anderem mehr. Die verwendeten Verbindungen waren allen Gewerken gemeinsam: Die Schlitz-und-Zapfen-Verbindung des Zimmermanns oder Schiffsbauers mag größere Dimensionen aufweisen und vielleicht auch etwas gröber sein als die des Möbeltischlers, aber es ist dennoch die gleiche Verbindung; die 30 Zentimeter langen Holznägel, die bei der Errichtung von Holzbrücken verwendet wurden, unterscheiden sich nicht prinzipiell von den kleineren Holzstiften, die bei der Herstellung eines Holzstuhles verwendet wurden.

Die Techniken, denen Sie hier im Buch bei den einzelnen Werkstücken begegnen, sind von den früheren ländlichen Holzhandwerkern alle mit einer gewissen Selbstverständlichkeit angewendet worden. Die eine oder andere Konstruktionsweise mag nicht unbedingt zu ihren alltäglichen Arbeiten gehört haben, sie werden jedoch alle gekannt haben. Andererseits wird die genaue Ausführung und die Reihenfolge der einzelnen Schritte bei jedem einzelnen Handwerker unterschiedlich ausgefallen sein, je nach seinen Kenntnissen und Fähigkeiten.

WICHTIGE WERKZEUGE

Die Auswahl hängt natürlich von den Werkstücken ab, von den persönlichen Vorlieben, und natürlich auch davon, wieviel Sie ausgeben können. Unabhängig davon, wofür Sie sich entscheiden, sollten Sie immer die beste Qualität wählen, die Ihr Budget erlaubt. Und das erworbene Werkzeug sollten Sie dann auch gut pflegen. Die Arbeit mit schlecht gefertigten oder mangelhaft gepflegten Werkzeugen ist so unerquicklich, daß man sie sich wirklich ersparen sollte.

Auf Seite 90 finden Sie eine Liste der Werkzeuge, die man für die Werkstücke in diesem Buch benötigt. Es sind vor allem Handwerkszeuge, aber auch hilfreiche und zeitsparende Elektrowerkzeuge.

1

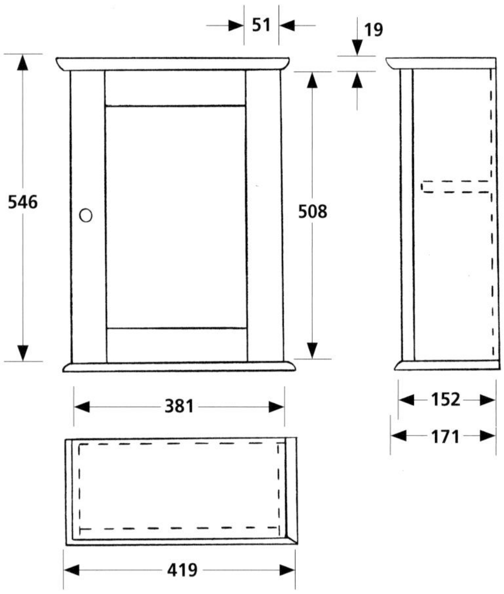

2

3

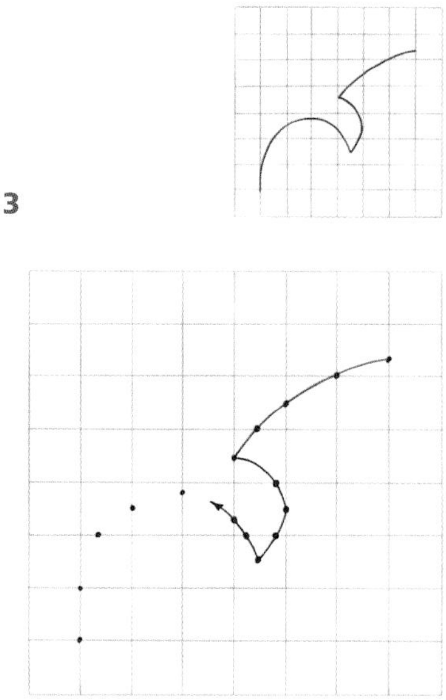

Quadrat = 12mm

ZEICHNUNGEN UND SCHABLONEN

Bevor Sie die Arbeit an einem Werkstück aus Holz anfangen, sollten Sie eine Zeichnung anfertigen, die das Aussehen des Stückes und seine wichtigsten Abmessungen zeigt. Einzelne Teile können auch detaillierter dargestellt werden. Eine solche Zeichnung kann zwei verschiedene Formen annehmen.

Die erste Form ist als Teilschnittzeichnung bekannt. Es ist eine technische Zeichnung, bei der drei Ansichten des Werkstücks (die Vorderansicht, eine Seitenansicht und die Draufsicht) dargestellt werden. **(1)**

Die zweite Form ist die perspektivische Darstellung, die auch eine „Explosionszeichnung" sein kann. **(2)**

Manchmal kann es hilfreich sein, Details eines Werkstückes (Umriß-Kurven z. B.) als Schablone oder Muster zu zeichnen. Falls diese Zeichnung in voller Größe angefertigt werden kann, wird sie in verkleinertem Maßstab angefertigt. Jedes Rasterquadrat in der Zeichnung repräsentiert in der Realität 12, 25 oder 50 Millimeter.

Der Maßstab wird in der Zeichnung angegeben, so daß man das Raster im richtigen Maßstab auf das Material übertragen kann. **(3)**

WERKBANK UND SCHRAUBSTOCK

Die wichtigsten Voraussetzungen für den angehenden Holzhandwerker sind ein geeigneter Raum und ein stabiler Tisch oder eine Werkbank. Die Werkbank sollte auch eine Vorrichtung aufweisen, mit der das Holz bei der Bearbeitung sicher und zuverlässig gehalten werden kann. Meist wird man zu diesem Zweck einen Schraubstock anbringen, man kann aber auch auf Bankhaken oder Schraubzwingen verschiedener Größe zurückgreifen (vgl. S. 97).

Ideal ist natürlich eine Hobelbank mit Vorder- und Hinterzange. Aber auch ein normaler Schraubstock kann gute Dienste leisten, wenn man die Backen mit einer Zulage aus Holz versieht, so daß sie das eingespannte Werkstück nicht beschädigen. Bei leichteren Arbeiten kann man einen Schraubstock auch provisorisch an der Werkbank festzwingen.

Ein nützliches Zubehörteil ist eine Sägelade. Sie läßt sich leicht in Eigenarbeit herstellen **(4)**. Die Lade wird in der Bankzange eingespannt, mit einer Zwinge befestigt oder an die Kante der Werkbank gehalten und dient dann als Halterung für Material, das gesägt oder gestemmt werden soll. Ein angenehmer Nebeneffekt ist, daß die Platte der Werkbank nicht so leicht beschädigt wird.

4

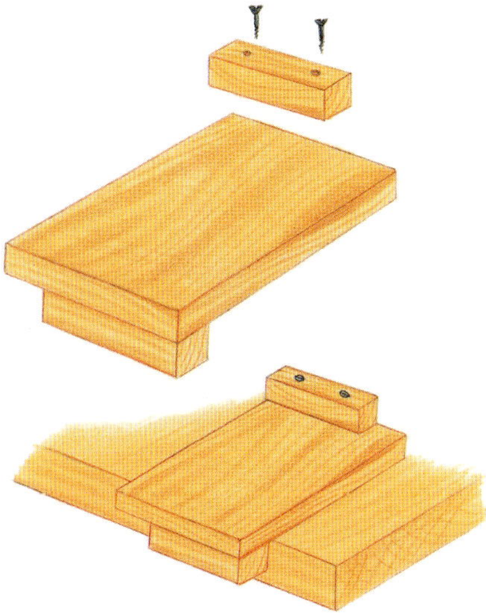

6

7

MESSEN UND ANREISSEN

Bevor Sie mit der Arbeit an einem Stück beginnen, müssen Sie sich vergewissern, daß Ihr Material die richtigen Abmessungen hat, daß es gerade und rechtwinklig und nicht windschief ist. Wenn Sie fertig gehobeltes Holz kaufen, können Sie es weiterverarbeiten, nachdem Sie die maschinell gehobelten Oberflächen geschliffen oder mit der Hand nachgehobelt haben. Suchen Sie sich die bessere Oberfläche und Kante aus, hobeln Sie sie gegebenenfalls, so daß sie senkrecht aufeinander stehen, und versehen Sie sie mit entsprechenden Markierungen. Abbildung **5** zeigt oben konventionelle Markierungen für die Sichtseite und -kante. Diese beiden Flächen sollten später stets der Ausgangspunkt für alle weiteren Messungen sein.

Wenn Sie ein Brett ablängen wollen, kontrollieren Sie zuerst, daß das verbleibende Ende nicht gespalten oder beschädigt ist und daß es rechtwinklig zugeschnitten ist. Reißen Sie gegebenenfalls ein Verschnittstück an (die einfache Linie in Abbildung **5** unten), und messen Sie die Länge des Brettes von dieser Markierung ab. Bei einem kurzen Brett können Sie ein Lineal verwenden, bei größeren Längen erweist sich ein Maßband oder ein Gliedermaßstab als nützlich.

5

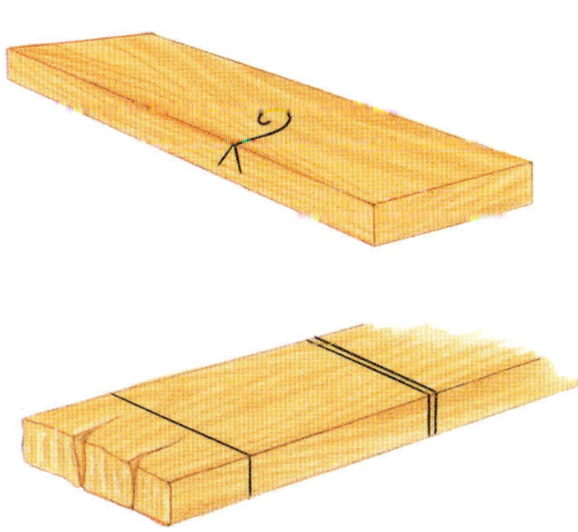

Reißen Sie die Länge des Brettes mit einem Tischlerwinkel oder einem Kombiwinkel an, damit die Linie genau und rechtwinklig ist. Für präzise Arbeiten sollten Sie die Breite des Sägeschnitts einplanen (die Doppellinie in Abbildung **5**). Sägen Sie immer auf der Verschnittseite der Linie. Falls Sie mehrere Teile aus einem Brett sägen wollen, sehen Sie entsprechende Verschnittstücke (3 mm) für die Sägeschnitte vor.

Die meisten Anrißarbeiten lassen sich gut mit einem spitzen Bleistift der Härte HB bewältigen. Für wirklich genaues Arbeiten bietet die Spitze eines scharfen Messers jedoch viele Vorteile, vor allem wenn man quer zur Faser arbeitet. Die Messerspitze durchtrennt die Fasern an der Holzoberfläche und hinterläßt nach dem Schneiden eine saubere Kante. Das traditionelle Anreißmesser des Tischlers hat zu diesem Zweck eine dicke, vorne schräge und einseitig (für Rechtshänder) zugeschliffene Klinge. Ein kleines Taschenmesser mit feststellbarer Klinge ist ebenfalls empfehlenswert.

Um Linien anzureißen, die parallel zu einer Kante verlaufen, sollte man ein Streichmaß verwenden. Meist wird damit Holz angerissen, das anschließend auf Breite oder Stärke gehobelt werden soll. Das Streichmaß wird eingestellt, indem der bewegliche Kopf um den erforderlichen Abstand vom Anreißnagel entfernt fixiert wird. Man verwendet das Streichmaß, indem man den Kopf fest gegen die Kante des Werkstücks drückt und das Streichmaß dann von sich weg oder auf sich zu bewegt. Üben Sie mit dem Anreißnagel nicht zu starken Druck aus, damit er sich nicht in das Holz gräbt oder dem Faserverlauf folgt. **(6)**

Bei Arbeiten, die nicht so genau sein müssen, können Sie auch mit einem Bleistift und Ihren Fingern ein Streichmaß nachbilden. **(7)** Es gibt zwei andere Streichmaße, die Sie kennen sollten: das Streichmaß mit Messer und das Zapfenstreichmaß. Das Streichmaß mit Messer hat statt des Anreißnagels ein (oft scheibenförmiges) Messer, mit dem die Holzfasern getrennt werden, besonders bei Rissen quer zur Faser ergibt das sehr saubere Ergebnisse. Das Zapfenstreichmaß ist, wie der Name schon sagt, besonders beim Anreißen von Schlitz-und-Zapfen-Verbindungen sehr nützlich. Es wird auch als Doppelstreichmaß bezeichnet und weist zwei Anreißnägel auf, die unabhängig voneinander eingestellt werden können, so daß man gleichzeitig zwei parallele Linien anreißen kann.

Mit dem Zirkel oder Stechzirkel werden meist Kreise und Kreisbögen angerissen, man kann einen Stechzirkel aber auch benutzen, um Maße zu übertragen oder eine Strecke in gleichmäßige Teile zu unterteilen.

SÄGEN

Es gibt verschiedene Arten von (Hand-)Sägen, von denen manche für allgemeine Arbeiten verwendet werden, während andere für besondere Zwecke ausgelegt sind. Die unterschiedlichen Sägearten unterscheiden sich vor allem durch die Form und Größe des Sägeblattes sowie durch die Zahl und Anordnung ihrer Zähne. So haben zum Beispiel Sägen, mit denen Bretter aufgetrennt (also mit der Faser gesägt) werden, 4 bis 6 Zähne auf einen Zoll (25 mm). Sie sind auch meist größer als Absetzsägen. Die Absetzsägen werden verwendet, um Holz abzulängen. Sie haben 7 bis 12 Zähne auf

8

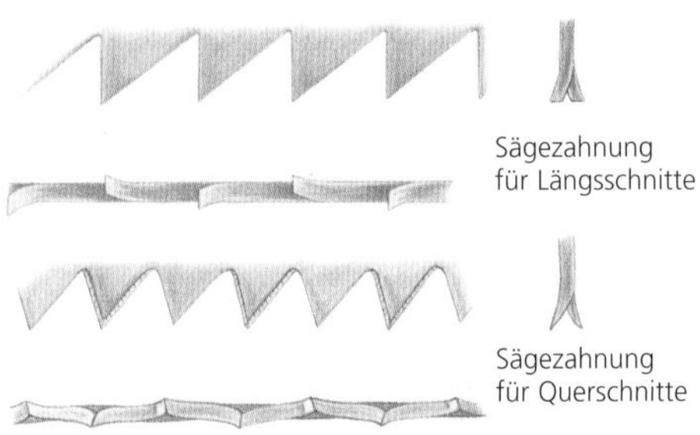

einen Zoll. Beide werden hauptsächlich beim Zurichten des Holzes verwendet, d. h. man schneidet mit ihnen das Ausgangsmaterial auf die benötigten Maße zu. **(8)**

Kleine Rückensägen sind in England und den USA sehr viel verbreiteter als im deutschen Sprachraum. Sie haben dünne Sägeblätter, die an der Oberkante durch einen gefalteten Metallstreifen (meist Messing) beschwert und versteift werden. Man verwendet sie für Arbeiten, die hohe Sorgfalt erfordern, zum Beispiel auch bei der Bearbeitung von Verbindungen. Rückensägen gibt es in verschiedenen Größen, sie können 12 bis mehr als 20 Zähne auf einen Zoll (25 mm) aufweisen. Die kleinsten Rückensägen werden im Englischen als „Dovetail saws" bezeichnet, also als Zinkensägen. Sie haben auch die höchste Anzahl an Zähnen pro Zoll und ergeben den feinsten Schnitt. Schweifsägen benutzt man, um Kurven zu sägen. Ihre Sägeblätter sind dünn, biegsam und brechen leicht. Bei manchen Sägen wird diesem Problem dadurch begegnet, daß man das Blatt in einem Rahmen einspannt. Die frühsten Sägen, bei denen dieses Verfahren angewendet wurden, sind die sogenannten Gestellsägern, bei denen das Sägeblatt in einem Holzrahmen gehalten wird, der durch eine verdrillte Schnur oder Draht gespannt ist. Modernere Modelle verwenden einen Metallbügel, der unter Spannung steht. Zu diesen Bügelsägen gehört zum Beispiel auch die Laubsäge, bei der die austauschbaren Blätter in Stiften gehalten werden, die durch das Drehen des Griffes gespannt werden. Das Blatt kann so eingesetzt werden, daß es entweder auf Zug oder auf Stoß schneidet. Um im Inneren eines Holzstückes zu sägen, wird zuerst ein Loch gebohrt, durch das man das Sägeblatt führt, bevor es im Bügel der Laubsäge eingespannt wird. Man kann mit der Laubsäge auch den Verschnitt bei einer gezinkten Holzverbindung entfernen (vgl. Seite 103).

Wenn Sie sicherstellen, daß Ihre Säge stets scharf ist, dann dürfte das Sägen mit der Handsäge nicht zu schwierig sein. Üben Sie niemals Druck auf die Säge aus, versuchen Sie nicht, sie in das Holz zu zwingen. Das ist nicht nur sehr anstrengend, sondern führt auch dazu, daß sich das Blatt verdreht und die Säge im Schnitt stecken bleibt. Wenn Sie mühelos sägen wollen, dann spannen Sie das Material gut ein, oder halten Sie es gut fest, und arbeiten Sie mit kraftvollen, gleichmäßigen, flüssigen Bewegungen und schneiden Sie mit der gesamten Länge des Sägeblattes. Fangen Sie den Schnitt vorsichtig an – sägen Sie mit einer Rückensäge zuerst einige Schnitte auf Zug –, und arbeiten Sie auf der Verschnittseite des Anrisses.

Alle diese Sägearbeiten können auch mit elektrischen Handwerkzeugen oder elektrischen Sägemaschinen ausgeführt werden. Gerade Schnitte können Sie mit der Kreissäge sägen, während Sie für Kurvenschnitte die Wahl zwischen der Stichsäge, der Bandsäge, der Dekupiersäge und der neueren Säbelsäge haben.

HOBEL

Die häufigste Hobelart wird im Englischen mit dem Oberbegriff „Bankhobel" bezeichnet. Mit diesen Hobeln (im Deutschen unterscheidet man Schrupp-, Doppel-, Schlicht- und Putzhobel) wird entweder die Stärke oder Breite eines Holzstückes reduziert, oder eine Fläche wird gerichtet oder geglättet. Es gibt noch andere spezialisierte Hobel, mit denen man z. B. Nuten und Profile herstellen kann; einige dieser Hobel können auch zu verschiedenen Zwecken eingesetzt werden.

Diese verschiedenen Hobeltypen und -größen weisen mehr oder weniger die gleiche Konstruktion auf. In Deutschland besteht der Hobelkörper meist aus Holz, in ihm wird das Hobeleisen von einem Holzkeil gehalten. Diese Hobel aus Holz waren auch in England und den USA die ursprüngliche Form, sie wurden dort aber ab der Mitte des 19. Jahrhunderts fast vollständig durch Hobel mit Metallkörpern verdrängt. Diese Hobel lassen sich schneller und genauer einstellen als jene mit Holzkörpern – die aber wiederum andere Vorteile aufweisen, so daß sie auch im englischen Sprachbereich nicht vollkommen verschwunden sind.

Die Rauhbank aus Metall ist ein Allzweckwerkzeug. Sie wird hauptsächlich benutzt, um Rohmaterial auf die erforderliche Größe zu bringen, kann aber mit einem entsprechend zugerichteten und geschliffenen Eisen auch zum Richten und Glätten verwendet werden. Die Länge einer solchen Rauhbank liegt zwischen 350 und 450 mm, dadurch eignet sie sich besonders zum Fügen langer Schmalkanten. Der Putzhobel **(9)** aus Metall ist genauso wie die Rauhbank aufgebaut, ist aber kürzer als diese (200 bis 250 mm). Auch ihn kann man als Vielzweckhobel einsetzen, sein eigentlicher Zweck ist jedoch das Glätten einer Oberfläche, nachdem sie mit der Rauhbank oder einer Hobelmaschine bearbeitet worden ist. Durch vorsichtiges Hobeln mit einem fein eingestellten Hobel mit scharfem Eisen kann man Oberflächen von außerordentlicher Güte erreichen.

9

Achten Sie beim Hobeln darauf, daß das Holz fest und sicher gehalten wird. Beim Hobeln einer Schmalkante spannen Sie das Holz dazu in der Bankzange ein; beim Hobeln von Flächen wird das Holz entweder auf der Arbeitsfläche der Hobelbank festgespannt oder zwischen zwei Bankhaken befestigt. Eine glatte Oberfläche läßt sich nur erreichen, wenn Sie mit der Faser des Holzes hobeln und nicht gegen sie. Beim Hobeln von Hirnholz sollten Sie jeweils von den beiden Seiten zur Mitte hin arbeiten, damit sich an den Kanten nicht Holz ablöst. Am besten ist dazu der Hirnholzhobel mit seinem geringeren Schnittwinkel geeignet. Grundsätzlich sollten Hobel, die gerade nicht verwendet werden, auf der Seite liegend abgelegt werden, damit die Schneide des Eisens nicht beschädigt wird.

Besonders hochwertige Oberflächen, vor allem bei Hartholz, können Sie mit der Ziehklinge erzielen. Eine Ziehklinge besteht aus einem dünnen Stück hochwertigem Stahl, dessen Kante so geformt und geschliffen ist, daß man mit ihr sehr dünne Späne abheben kann. Dazu wird die Ziehklinge zwischen den Fingern und Daumen beider Hände leicht gebogen gehalten und so in einem geeigneten Winkel vorwärts über das Holz geschoben.

Der Schweifhobel (der eigentlich kein richtiger Hobel ist) wird auf ähnliche Weise verwendet. Ältere Schweifhobel mit Holzkörper hatten geschmiedete Eisen mit einer Angel. Dadurch waren sie etwas schwieriger einzustellen als moderne Exemplare, sie lieferten aber dennoch eine hohe Oberflächengüte. Moderne Schweifhobel werden aus Metall hergestellt, entweder mit flacher oder mit halbrunder Klinge. Mit dem Schweifhobel wird auf Stoß gearbeitet, um

10

Fasen herzustellen oder um schmale, gebogene Kanten zu glätten **(10)**. Das Ziehmesser wird dagegen kräftig zum Körper hin gezogen, um Material abzutragen oder das Holz zu formen und zu runden. Das Ziehmesser eignet sich besonders zum Bearbeiten von grünem, also nicht getrocknetem oder abgelagertem Holz.

Die Profilhobel, mit denen einst gearbeitet wurde, um Holz zu formen, sind inzwischen durch die elektrische Handoberfräse abgelöst worden, die sehr viel schneller zu den gewünschten Resultaten führt. Aber viele dieser Profilhobel sind noch zu bekommen, und es spricht nichts dagegen, sie auch zu verwenden.

Elektrische Hobel gibt es als Handwerkszeuge oder als stationäre Maschinen. Elektrische Handhobel sind nicht wirklich empfehlenswert, und stationäre Maschinen können teuer sein. Am besten ist es, schon fertig auf Dicke ausgehobeltes Holz zu kaufen. Maschinell gehobeltes Holz muß mit dem Handhobel nachgearbeitet oder geschliffen werden, um die leicht wellige Oberfläche zu glätten, die von der kreisförmigen Bewegung der Schneiden an elektrischen Hobeln verursacht wird.

STECHBEITEL UND HOHLBEITEL

Stechbeitel für die Holzbearbeitung gibt es in verschiedenen Formen und vielen verschiedenen Größen, jeweils auf den Verwendungszweck abgestimmt. Ist die Schneide gebogen, spricht man von Hohlbeiteln. Darüber hinaus gibt es auch noch besondere Stechbeitel für die Arbeit an der Drechselbank und für die Holzschnitzerei. Stechbeitel werden nach ihrer Größe – also der Breite der Schneide – benannt, während Hohlbeitel nach Größe und Stich – der Krümmung der Schneide – sortiert werden.

Für die meisten Holzarbeiten eignen sich Stechbeitel mit abgeschrägten Kanten an den Klingen am besten, da diese Klingenform das Arbeiten in engen Ecken, das Verputzen von Verbindungen und ähnliches erleichtert. Gegebenenfalls kann man den Stechbeitel auch mit leichten Schlägen mit dem Holzklüpfel verwenden, um mehr Kraft in die Arbeit zu leiten. Die Stechbeitel sollten stets gut scharf gehalten werden – es ist sehr viel leichter, sich bei dem Versuch zu verletzen, einen stumpfen Beitel ins Holz zu treiben, als

11

sich mit einem scharfen Werkzeug zu schneiden. Außerdem sollten Sie nie mit einer Hand das Holz halten, während sie mit der anderen den Stechbeitel führen: Spannen Sie das Holz ein, und achten Sie darauf, daß sich Ihre beiden Hände hinter der Schneide des Stechbeitels befinden. Die ersten Schnitte mit dem Stechbeitel sollten quer zum Faserverlauf ausgeführt werden, um die Holzfasern zu durchtrennen, danach sollte man anstreben, stets mit der Faser zu stemmen. **(11)**

FORMEN UND GLÄTTEN

Schneidende Werkzeuge wie der Hobel ergeben zwar bessere Oberflächen und sind auch befriedigender zu benutzen, aber es gibt dennoch Gelegenheiten, bei denen man auf andere Werkzeuge zum Formen und Glätten zurückgreifen muß. Raspeln und Feilen sind schleifende Werkzeuge, die aus gehärtetem Stahl hergestellt werden. Raspeln haben grobe dreieckige Zähne. Sie tragen damit relativ viel Material ab und werden deshalb vor allem zur groben Formgebung benutzt. Feilen werden mit ihren feinen oder gröberen Hieben eher zum Glätten des Holzes verwendet. Raspeln wie Feilen lassen sich in flacher und halbrunder Form erstehen, Feilen zum Teil auch mit rundem Querschnitt. **(12)**

Moderne Schleifwerkzeuge sind mit Wolframkarbid-Schneidkörpern versehen, die auf steifen oder flexiblen Grundkörpern

12

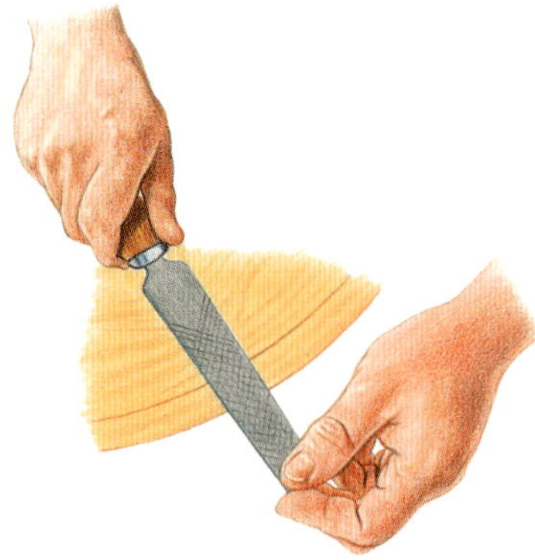

aufgelötet werden. Andere weisen eine auswechselbare Klinge aus dünnem, gehärtetem Stahl auf, die mit vielen scharfkantigen Löchern versehen ist. Diese Löcher bilden eine Vielzahl von einzelnen Schneiden, sie hinterlassen allerdings eine rauhe Oberfläche, die noch geglättet werden muß.

Für viele formgebende Arbeitsschritte kann man elektrische Bandschleif-, Tellerschleifer oder Exzenterschleifer einsetzen. Für die Oberflächenbearbeitung werden oft Schwingschleifer empfohlen. Mit diesen Geräten spart man viel Zeit, was vor allem in der Produktion wichtig ist; sie hinterlassen aber nicht immer eine zufriedenstellende Oberfläche. Außerdem produzieren sie sehr viel feinen Schleifstaub. Entweder Sie statten die Maschine mit einer Staubfangausrüstung aus, oder Sie tragen selbst eine entsprechende Atemschutzmaske.

BOHRER

Früher wurden Löffelbohrer oder Flachfräsbohrer in Bohrerhaltern aus Holz und Metall zum Bohren von Löchern in Holz eingesetzt. Diese Bohrerhalter wurden dann von Bohrwinden aus Metall abgelöst, die mit auswechselbaren Bohrern ausgestattet waren. Außerdem gab es auch Handbohrer mit seitlich angebrachten Antriebsrädern. Bohrwinden (manchmal auch mit Knarrenmechanismus) und Handbohrer werden auch heute noch verwendet, aber die elektrische Handbohrmaschine ist inzwischen bei weitem das beliebteste und am häufigsten verwendete Gerät, wenn es darum geht, Löcher in Holz zu bohren. Mit einem Bohrständer kann eine normale Bohrmaschine in eine einfache, aber effektive Ständerbohrmaschine verwandelt werden. Die richtigen Ständerbohrmaschinen mit fest montiertem Motor und verschiedenen Drehzahlen, die es als Tisch und Standmodelle gibt, eignen sich eher für schwere und oft zu wiederholende Arbeiten.

Ganz unabhängig von der Art der Bohrmaschine, für die Sie sich entscheiden, können Sie aus einer Vielzahl unterschiedlicher Bohrer wählen. Für allgemeine Bohrarbeiten bis zu einem

Durchmesser von etwa 12 mm eignen sich einfache Spiralbohrer (**13**A). Eine Verbesserung dieses Modells stellen die Zentrumbohrer dar (**13**B). Bei größeren Durchmessern und höheren Anforderungen an die Genauigkeit werden Forstnerbohrer verwendet (**13**c), die sich allerdings nur in elektrischen Bohrmaschinen verwenden lassen. Falls Sie mit der Bohrwinde arbeiten, eigenen sich Flachfräsbohrer (**13**D) oder Schlangenbohrer (**13**E) der alten Art wahrscheinlich am besten. Zum Versenken von Schraubenköpfen verwendet man einen Versenker oder Krauskopf (**13**F).

13

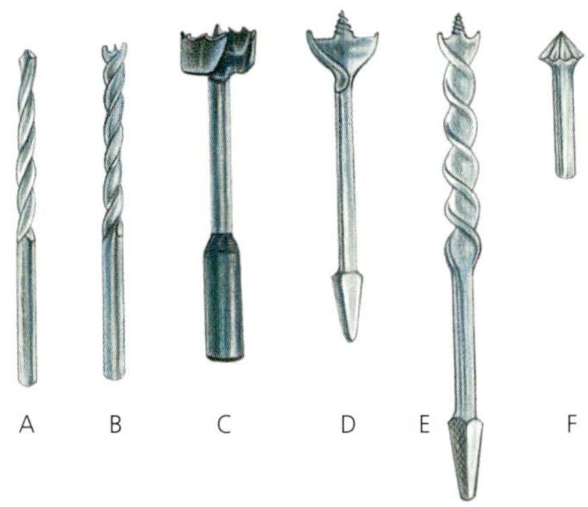

HAMMER, SCHRAUBENDREHER UND VERWANDTE WERKZEUGE

Für die in diesem Buch beschriebenen Werkstücke eignet sich ein mittelschwerer Schlosserhammer am besten. Kleinere Nägel und Drahtstift werden mit den Fingern gehalten und am Anfang mit der schmal zulaufenden Pinne eingetrieben, bevor man sie mit der rechteckigen Bahn ganz eintreibt. Eine Kneifzange ist nützlich, um verbogene oder gebrochene Nägel zu entfernen. Ein Holzklüpfel wird vor allem bei der Arbeit mit Stechbeiteln oder Hohleisen verwendet, er kann sich aber auch bei manchen Montagearbeiten als nützlich erweisen. Verwenden Sie einen mittelgroßen Klüpfel mit einem Kopf aus gut abgelagertem Buchenholz.

Schraubendreher sind in einer Vielzahl verschiedener Typen und Größen erhältlich, mit Griffen aus verschiedenen Materialien und in verschiedenen Formen. Am wichtigsten ist die Form und Größe der Spitze im Verhältnis zur Größe und Art der Schraube, die Sie verwenden. Die älteste Schraubendreher-Form – und vielleicht auch noch die häufigste, ist der Schlitzdreher, der mit den traditionellen geschlitzten Schrauben verwendet wird. Modernere Schraubendrehertypen sind häufig mit der einen oder anderen Art von Kreuzschlitz versehen. Ein Schlitzschraubendreher sollte gut in den Schlitz des Schraubenkopfes passen. Achten Sie darauf, daß die Spitze des Schraubendrehers die richtigen Abmessungen hat, sowohl mit einem zu kleinen Schraubendreher wie auch mit einem zu großen kann man die Schraube beschädigen.

Um das Eintreiben von Schrauben (und manchmal auch von Nägeln) in Nadelholz zu erleichtern, kann die Verwendung eines Vorstechers nützlich sein. Mit dem Vorstecher fertigt man einerseits ein Führungsloch an, und andererseits verringert man auch die Gefahr, daß das Holz reißt oder gespalten wird. Ein Vorstecher mit flach auslaufender Klinge sollte quer zur Holzfaser angesetzt werden. Beim Nageln oder Schrauben in Hartholz (manchmal auch in Nadelholz) sollte man entsprechend vorbohren (vgl. Seite 100). Nagelköpfe können mit einem Nageltreiber unter die Holzoberfläche getrieben werden

ZWINGEN

Zwingen sind nützliche Helfer, um Werkstücke provisorisch zur Bearbeitung zu fixieren. Vor allem braucht man sie aber, um beim Verleimen von Holz den notwendigen Druck auf die zu verleimenden Teile auszuüben.

14

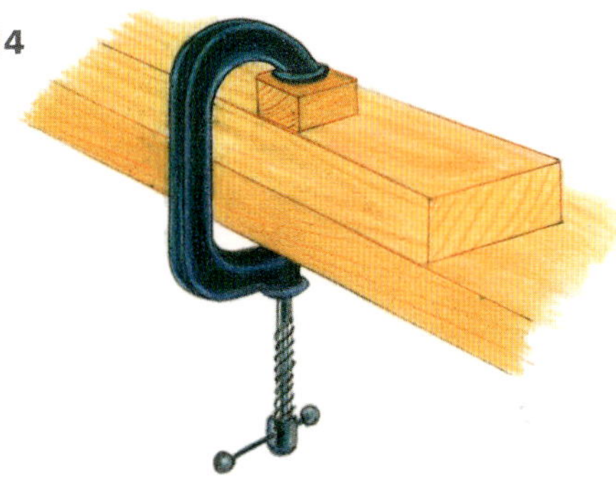

Man kann dazu Schraubzwingen mit einem C-förmigen Bügel verwenden (**14**), von denen es verschiedene Typen und Größen gibt. Die in Deutschland gebräuchlichste Form unterscheidet sich in der Konstruktion etwas von dem abgebildeten Exemplar. Die Größe wird normalerweise als Spannweite angegeben (die Entfernung zwischen den Backen der Zwinge), übliche Größen liegen zwischen 50 und 300 mm. Um größere oder breitere Werkstücke zu halten (meist während der Montage), kann man auch Spannelemente einsetzen, mit denen sich beliebig lange Zwingen herstellen lassen. Diese Spannelemente werden paarweise je nach Modell auf ein Kantholz oder ein Metallrohr aufgesetzt. Da die Länge des Kantholzes oder Rohres dem Anwender überlassen bleibt, lassen sich Zwingen in jeder benötigten Länge herstellen. Zwingen sollten immer mit Holzzulagen verwendet werden, um die Oberfläche des Werkstückes zu schützen. Es gibt eine Vielzahl unterschiedlicher Variationen dieser beiden grundlegenden Zwingentypen, die mehr oder weniger gut sind.

SCHLEIFMITTEL UND KLEBEMITTEL

Die frühen Schleifpapiere wurden mit Sand als Schleifmittel versehen. Heute verwendet man statt dessen Glaspulver, gemahlenen Granat, Aluminiumoxid oder Siliziumkarbid. Die Schleifmittel werden in verschiedenen Körnungen und Dichten auf Unterlagen aus Papier oder Gewebe aufgebracht. Man unterscheidet Schleifpapiere nach der Art des Schleifmittels und nach der Körnung. Je höher die Körnungsgröße, desto feiner ist das Schleifmittel. Bevorzugte Schleifpapiere für das Schleifen mit der Hand sind Granatpapiere in den Körnungen 100, 120 und 220. Geschliffen wird immer in Richtung der Holzfaser, nicht quer zu ihr. Dabei sollte das Schleifpapier um einen Schleifklotz gehalten werden, damit die Holzoberfläche eben bleibt. Auch wenn Sie eine elektrische Schleifmaschine verwenden, werden Sie vermutlich dem Werkstück mit der Hand den „letzten Schliff" geben müssen.

Das Wort Verleimen wird für die Anwendung verschiedener Klebstoffe verwendet. Früher wurden vor allem Haut- und Knochenleime in der Tischlerei verwendet, die geschmolzen und heiß aufgetragen werden mußten. Heute gibt es viele unterschiedliche Klebstofftypen, von denen manche bestimmten Anwendungsgebieten vorbehalten sind. Ein guter Allzweckleim ist der sogenannte Weißleim oder Tischlerleim auf Polyvinylacetat-Basis, den es sowohl für den Innenbereich als auch für die Außenanwendung gibt. Falls die Verbindung sehr feuchtigkeitsbeständig sein soll, ist es angebracht, auf einen Kunstharzklebstoff auszuweichen.

DAS SCHÄRFEN DER WERKZEUGE

Scharfe Werkzeuge sind unabdingbar, wenn man hochwertige Tischlerarbeiten anfertigen will – eine stumpfe Schneide erschwert das Arbeiten und ist zudem eine Gefahrenquelle. Es kommt häufiger zu Verletzungen durch stumpfe Stechbeitel, die mit hohem Kraftaufwand eingesetzt werden, als durch solche mit einer scharfen Schneide.

Eine gute Schneide erreicht man durch Schleifen und Abziehen. Geschliffen wird meist mit einer Schleifmaschine, die einen rotierenden Schleifstein besitzt. Die Schneide ist danach meist noch relativ rauh und nicht zum Arbeiten geeignet. Um die Schneide einsatzfähig zu machen, wird sie nach dem Schleifen auf einem feinen Schleifstein unter Verwendung von Wasser oder Öl abgezogen. Bei normaler Verwendung kann eine Schneide mehrmals abgezogen werden, um ihr die notwendige Schärfe wiederzugeben, bevor man sie erneut maschinell schleifen muß. Viele Schleifmaschinen werden elektrisch angetrieben und haben schmale Schleifsteine, die mit etwa 3000 Umdrehungen in der Minute angetrieben werden. Da sie meist auch trocken verwendet werden, besteht die Gefahr, daß der Stahl überhitzt wird und seine Schärfbarkeit verliert. Das läßt sich nur vermeiden, indem man die Werkzeugschneide immer wieder in Wasser taucht, um sie abzukühlen. Schleifmaschinen mit breiteren Schleifsteinen und Umdrehungszahlen von 150–200 U/min sind sehr viel geeigneter.

Schleifsteine gibt es in verschiedenen Körnungen. Die mittleren und feinen Körnungen sind im allgemeinen am nützlichsten. Die Schleifsteine werden mit Öl oder Wasser als Schmiermittel verwendet. Es gibt sowohl natürliche als auch synthetische Steine. Ölsteine sollten in einer Holzschachtel mit Öl aufbewahrt werden, so daß ihre Oberfläche stets mit Öl bedeckt ist. Das Öl verringert die Reibung und transportiert den feinen Schleifstaub ab, der sonst die Poren des Schleifsteins vollsetzen und dadurch die Schleifwirkung des Steines verringern würde. Es gibt auch Schleifsteine, bei denen man Wasser als Schmiermittel verwendet. Sie sind etwas weicher und empfindlicher als Ölsteine, liefern aber sehr gute Ergebnisse. Um wirklich erstklassige Ergebnisse beim Schärfen zu erzielen, muß die Oberfläche des Schleifsteines vollkommen eben sein. Deshalb sollte beim Schärfen immer die gesamte Fläche des Steines benutzt werden.

Fabrikneue Werkzeuge wie Hobel und Stechbeitel werden mit geschärften Schneiden ausgeliefert, sie müssen allerdings noch abgezogen werden. Die Schneide wird im richtigen Winkel abgezogen, indem man die Klinge mit beiden Händen hält und mit der Schneidfase (deren Winkel etwa 25° beträgt) flach auf den Schleifstein legt. Heben Sie die Klinge dann etwas an, bis der

14

Winkel etwa 30° beträgt. Reiben Sie die Schneide mit mäßigem Druck über die gesamte Oberfläche des Schleifsteins hin und her. Dadurch entsteht auf der Rückseite der Schneide ein feiner Grat (man kann ihn leicht mit dem Daumen erfühlen). Drehen Sie die Klinge um, legen Sie die Spiegel- oder Rückseite absolut flach auf den Schleifstein, und entfernen Sie den Grat, um eine scharfe

Schneide zu erhalten. **(14)** Überprüfen Sie Ihre Arbeit, indem Sie die Klinge mit der Schneide nach oben gegen das Licht halten. Stumpfe Partien reflektieren Licht und zeigen sich als weiße Linie. Eine perfekte Schneide erreichen Sie, indem Sie die Klinge abschließend noch auf einem Stück Leder abziehen, das mit Öl und einem milden Schleifmittel behandelt ist.

Viele Anfänger bereitet es beim Schleifen oder Abziehen mit der Hand Schwierigkeiten, den richtigen Schleifwinkels beizubehalten. Verändert man den Winkel während des Schleifens, wird die Schneide rund, das Werkzeug schneidet dann nicht mehr richtig. Man kann dem begegnen, indem man die Klinge fest greift und die Handgelenke steif hält. Einfacher ist die Verwendung einer Schleifführung, die auch nützlich ist, um den richtigen Schleifwinkel einzustellen. Diese Führungen laufen meist auf Rollen, das Werkzeug wird im entsprechenden Winkel eingespannt und von der Führung gehalten, während man die Schneide über den Schleifstein hin und her schiebt.

ARBEITSVERFAHREN

DAS VERBINDEN VON HOLZ

Es gibt viele verschiedene Möglichkeiten, Holz mit Holz zu verbinden. Bei manchen werden Beschläge und Verbindungsmittel aus Metall wie Nägel oder Schrauben verwendet, bei anderen Dübel aus Holz, und schließlich gibt es Methoden, die sich vollkommen auf die Adhäsionskraft von Klebstoffen verlassen. Außerdem gibt es auch die Möglichkeit, diese Methoden miteinander zu verbinden. Darüber hinaus können die Holzteile auch durch formschlüssige Verbindungen aneinander befestigt werden. Bei solchen Holzverbindungen (Schlitz und Zapfen oder Zinkungen etwa) passen die Formen der Bestandteile genau ineinander und bilden, wenn sie mit Leim zusammengefügt werden, eine dauerhafte Verbindung.

Diese Holzverbindungen sind im Laufe der Jahrhunderte immer weiterentwickelt worden, so daß sie sich kaum noch verbessern lassen. Allerdings haben das Aufkommen von Holzwerkstoffen wie Sperrholz, Spanplatten und MDF (mitteldichte Faserplatte) sowie die Erfordernisse der Massenproduktion zu neuen Verbindungsmethoden geführt, die meist auf Beschlägen beruhen, mit denen schnelle Montage und Demontage gewährleistet werden soll. Im Rahmen dieses Buches wird das Gewicht allerdings auf die Verwendung von abgelagertem Vollholz und traditionellen Holzverbindungen gelegt. Im folgenden werden nur die Arbeitstechniken beschrieben, die bei der Anfertigung der Werkstücke angewendet werden.

NÄGEL

Nägel gibt es in einer unüberschaubaren Vielzahl von Typen und Größen. Die hier abgebildete Auswahl schließt die Nägel ein, die bei den Werkstücken des Buches verwendet werden. Nägel werden aus vielen verschiedenen Materialien hergestellt, unter anderem aus Stahl, verzinktem Stahl, Messing, Kupfer und Aluminium. Man unterscheidet Nägel, Drahtstifte und Krampen. Stahlnägel eignen sich für die meisten Arbeiten – solche mit ovalem Querschnitt verringern das Risiko, daß sich das Holz beim Nageln spaltet. Der Kopf des Nagels kann unter die Holzoberfläche getrieben werden, um das Aussehen des Werkstückes zu verbessern. Bei leichteren Arbeiten, und teilweise auch im Möbelbau, sind Drahtstifte geeigneter. Auch sie lassen sich unter die Oberfläche des Holzes treiben, um eine versteckte Befestigung zu ermöglichen.

15

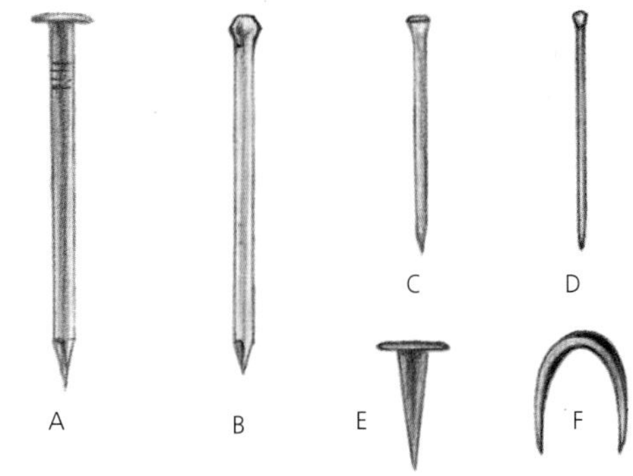

15 (A) Flachkopfnagel, (B) Nagel mit ovalem Querschnitt, (C) Stauchkopfnagel, (D) Drahtstift, (E) Tapezierstift, (F) Krampe

Verwenden Sie immer einen Nagel oder Stift mit der geeigneten Länge. Lange Drahtstifte neigen dazu, sich leicht zu verbiegen. Halten Sie sie also zwischen Daumen und Zeigefinger, und treiben Sie sie vorsichtig ein. Kurze Stifte können schwierig zu halten sein. Stecken Sie sie durch eine Stück steife Pappe, und halten Sie die Pappe, während Sie den Nagel eintreiben.

Eine genagelte Verbindung, die zusätzlich verleimt wird, kann sehr stabil sein. Die Stärke der Verbindung wird (besonders bei breiten Brettern) vergrößert, wenn man die Nägel schwalbenschwanzförmig anordnet. Die Montage einer genagelten Verbindung ist am leichtesten, wenn man den Nagel fast ganz durch das obere Holzteil treibt, dann Leim angibt, die Holzteile aufeinanderlegt und den Nagel vollständig eintreibt. Harthölzer können beim Nageln leicht reißen oder spalten, deshalb empfiehlt es sich, vorzubohren, wobei das Loch einen etwas geringeren Durchmesser als der verwendete Nagel haben sollte. Die Köpfe der Nägel können mit einem Nageleintreiber unter die Oberfläche des Holzes getrieben werden, um das Aussehen des Werkstückes zu verbessern. Der

Nageleintreiber sollte eine konkave Spitze haben, damit er nicht so leicht vom Kopf des Nagels oder Stiftes rutschen kann. Füllen Sie die Vertiefungen in der Oberfläche mit Holzkitt oder einer Mischung aus Leim und feinen Sägespänen aus.

SCHRAUBEN

Schrauben werden verwendet, um Holzteile miteinander zu verbinden und um Beschläge wie Scharniere, Griffe und ähnliches zu befestigen.

16

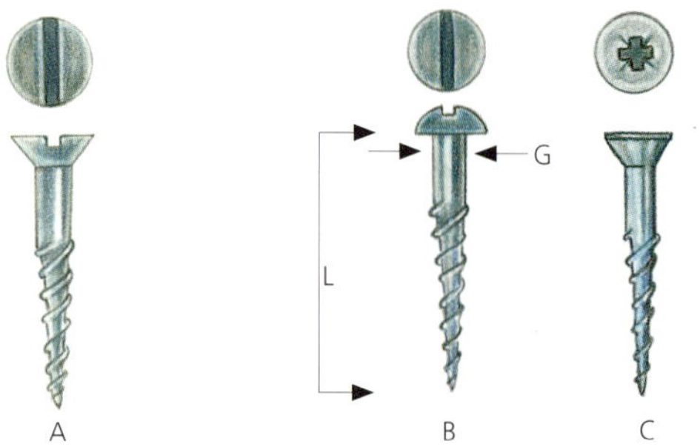

Sie werden nach der Länge (**16**L), dem Gewindedurchmesser (**16**G) und der Ausformung des Kopfes klassifiziert. Schrauben werden aus Stahl oder Messing hergestellt, es gibt auch verchromte oder verzinkte Schrauben aus Stahl. Die Größe wird durch die Länge und den Gewindedurchmesser angegeben. Die Kopfform ist entweder: Senkkopf (**16**A), wird bündig mit der Oberfläche oder unter diese getrieben; oder: Halbrundkopf (**16**B), sitzt auf der Holzoberfläche. Schrauben können entweder einen Kopf mit dem traditionellen Schlitz aufweisen, sie werden dann mit einem konventionellen Schraubendreher eingedreht; oder sie haben einen Kreuzschlitz (**16**C) und werden dann mit einem Kreuzschlitzschraubendreher eingedreht.

Bei den meisten Werkstücken im vorderen Teil werden Senkkopfschrauben aus Stahl mit Schlitzkopf verwendet. Allerdings sollten Sie bei Eichenholz immer Messingschrauben verwenden, da das Tannin im Eichenholz zu Korrosion an den Schrauben führen kann. Beim Verbinden von Holz oder Anbringen von Beschlägen mit Schrauben muß immer vorgebohrt werden. Bei Hartholz bohren

17

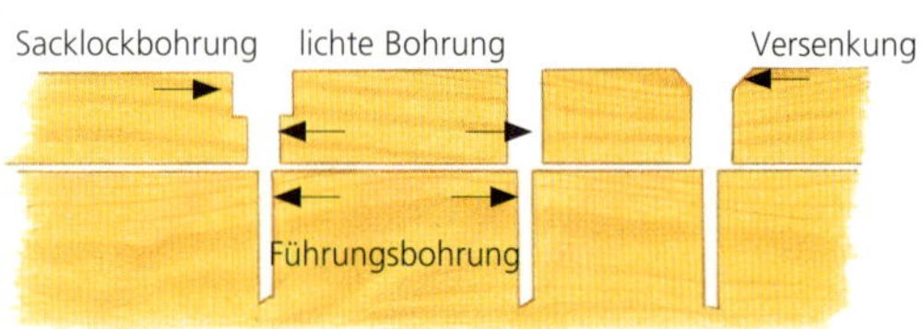

Sie ein Loch durch das obere Teil, dessen Durchmesser etwas größer ist als derjenige der Schraube. In das untere Teil bohren Sie ein Führungsloch in Schraubenlänge mit etwas geringerem Durchmesser als das Schraubengewinde. Bei Nadelhölzern sollte das obere Loch gebohrt werden, beim Führungsloch reicht es dagegen, wenn man mit dem Vorstecher arbeitet. Verwenden Sie einen Krauskopf, um eine Vertiefung für den Schraubenkopf zu schaffen, oder bohren Sie ein Sackloch, in das Sie einen Holzpfropf einsetzen können, wenn der Schraubenkopf vollkommen versteckt werden soll. Verwenden Sie einen Schraubendreher, dessen Größe zur Größe der Schraube paßt. Drücken Sie die Spitze des Schraubendrehers fest in den Schlitz der Schraube, während Sie drehen, damit der Schlitz nicht beschädigt wird. Schrauben aus weichem Stahl sind schnell beschädigt. **(17)**

KLEBSTOFFE

Einen geeigneten Klebstoff zu verwenden ist oft die befriedigendste Weise, Holz mit Holz zu verbinden, vor allem wenn es im Zusammenhang mit einer der klassischen Holzverbindung oder zusammen mit Nägeln oder Schrauben geschieht. Um der Verleimung möglichst große Haftung zu verleihen, müssen zuerst die Teile gesäubert werden, an die Leim angegeben werden soll. Entfernen Sie Staub und lose Holzteile, damit sich zwischen den Teilen keine Lücken bilden. Wenn Sie eine gute Verbindung haben wollen, dürfen Sie den Leim nicht als Füllstoff verwenden. Nachdem der Leim angegeben ist, müssen die Teile zusammengepreßt werden, bis der Leim trocken ist (vgl. Angaben des Herstellers). Meist verwendet man dazu Zwingen.

Planen Sie das Verleimen sorgfältig vor. Bereiten Sie eine staubfreie, offene Arbeitsfläche vor, und stecken Sie alle Teile vor dem Verleimen trocken (ohne Leim) zusammen, um die Passungen und die Rechtwinkligkeit zu kontrollieren. Stellen Sie den Leim bereit, und legen Sie ein feuchtes Tuch, Zulagen und die Zwingen zurecht. Die Zwingen sollten schon auf die richtige Öffnungsweite eingestellt sein. Geben Sie genug Leim an, daß die Verbindung nicht trocken bleibt, aber nicht so viel, daß Sie hinterher viel Arbeit mit dem Säubern haben. Wischen Sie überschüssigen Leim mit einem feuchten Tuch ab. Bedenken Sie, daß Leim bei manchen Oberflächenmitteln häßliche Spuren hinterläßt.

HOLZVERBINDUNGEN

LÄNGSVERBINDUNGEN

Wenn ein breites Holzteil benötigt wird, kann es notwendig sein, zwei schmalere Teile an den Längskanten zusammenzufügen. Für diese Verbindung ist es sehr wichtig, daß die zu fügenden Kanten über ihrer gesamte Länge gerade, eben und rechtwinklig zu den

Flächen sind. Sie können einen häufigen Fehler (nämlich das übermäßige Abhobeln der Brettenden) dadurch vermeiden, daß Sie die Mitte des Brettes absichtlich ein wenig hohl hobeln. Wenn Sie die zu fügenden Bretter zusammenspannen und die Kanten gleichzeitig hobeln, werden die Kanten genauer. Sie können Ihre Arbeit kontrollieren, indem Sie die Kanten zusammen- und gegen das Licht halten – Lücken zeigen sich dann durch das hindurchtretende Licht.

18

Sind Sie zufrieden, geben Sie Leim an eine der Fügekanten an, drücken die Kanten zusammen und reiben sie einige Male aneinander hin und her. Dadurch werden Luftblasen aus der Verbindung ausgetrieben, und der Leim in die Holzfasern eingerieben. **(18)**

Um einen engen Kontakt der zu fügenden Kanten zu gewährleisten, muß man mindestens drei Zwingen verwenden, die so ange-

19

bracht werden sollten, wie in der Abbildung gezeigt. Ziehen Sie die mittlere Zwinge zuerst fest. Kontrollieren Sie die Platte auf Ebenheit, entfernen Sie überschüssigen Leim, und lassen Sie das Ganze über Nacht trocknen. Säubern Sie die Verbindungsfugen gegebenenfalls nachträglich mit dem Hobel oder besser noch mit der Ziehklinge. **(19)**

Diese einfache Längsverbindung ist für die meisten Zwecke vollkommen ausreichend. Bei größeren Platten (für Tische etwa) kann sie aber durch Dübel oder eine lose Feder verstärkt werden. Breitere Platten lassen sich auch aus gekauften Nut-und-Feder-Brettern herstellen. **(20)**

20

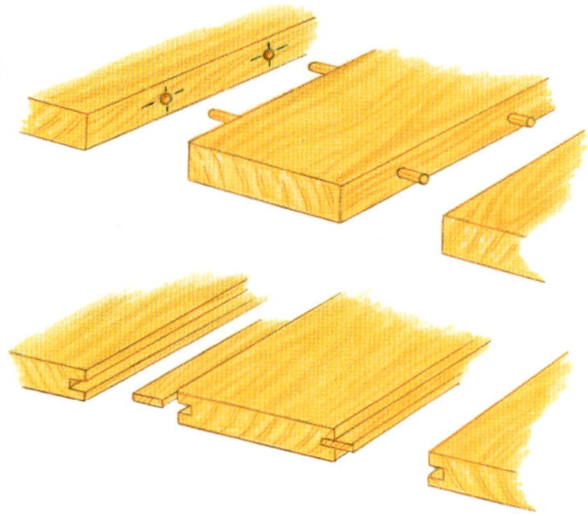

NUTEN UND FÄLZE

Nuten und Fälze sind zwar eigentlich keine Holzverbindungen, sie sind jedoch Bestandteile vieler Verbindungen. Eine Nut ist ein schmaler Schlitz, der meist auf der ganzen Länge eines Verbindungsteiles verläuft. Ein Falz ist eine Aussparung an einer Kante, entweder in Faserrichtung oder quer zu ihr. Sowohl Nuten als auch Fälze können Füllungen (Paneele oder Platten) aufnehmen. Es gibt besondere Hobel, mit denen man Nuten und Fälze herstellen kann. Mit dem Falzhobel kann man nur Fälze herstellen, während der Nuthobel sowohl Nuten als auch Fälze ausarbeiten kann. Es gibt auch verschiedene Mehrzweckhobel aus Metall, mit denen sich beide Arbeiten (und andere mehr) ausführen lassen. Bei der Arbeit mit diesen Hobeln sollten Sie mit kurzen Schnitten am entfernten Ende des Stückes beginnen und die Arbeit mit leichten, durchgehenden Schnitten zu Ende führen.

Die elektrische Handoberfräse mit ihren verschieden profilierten Fräsern wird heute bei diesen Arbeiten häufiger verwendet als die beschriebenen althergebrachten Werkzeuge. Wird die Fräse mit einer geeigneten Führung oder in einem selbsthergestellten oder gekauften Tisch verwendet, ist sie ein sicheres, genaues und schnelles Werkzeug.

EINGENUTETE VERBINDUNGEN

Bei diesen Verbindungen wird eine Kante eines Holzstückes in eine passende Nut eingefügt, die quer zum Faserverlauf eines anderen Holzstückes verläuft. Ein häufig begegnendes Beispiel sind Regalbretter. Die Verbindung kann stumpf ausgeführt werden (das Regalbrett wird in ganzer Stärke eingenutet) oder als Nut-und-Feder-Verbindung (die Stärke des Regalbretters wird reduziert, nur eine Feder wird in die Nut eingeleimt). Beide Varianten können über die gesamte Breite des Seitenteils verlaufen oder abgesetzt werden,

21

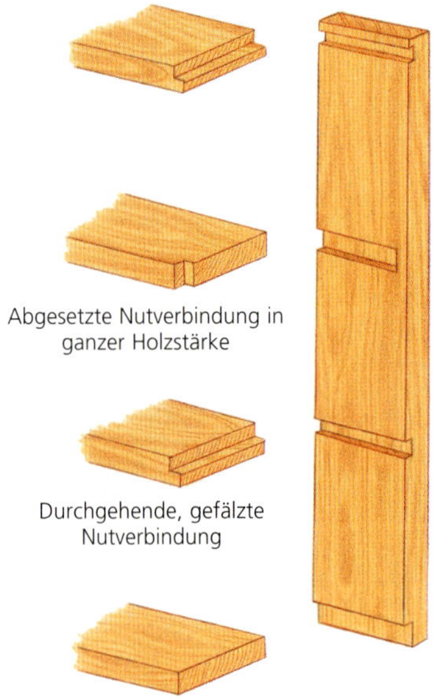

22

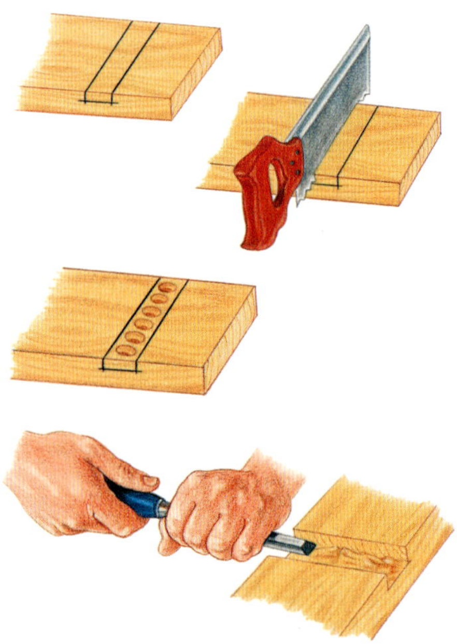

wie das in Abbildung 21 zu sehen ist. Man kann diese Verbindung vollständig mit Handwerkszeug herstellen, man kann auch die Bohrmaschine zu Hilfe nehmen (vgl. folgende Seite) oder eine elektrische Handoberfräse benutzen.

Messen Sie zuerst die Stärke des Regalbrettes aus (oder der Feder an ihrem Ende, falls Sie eine Nut-und-Feder-Verbindung herstellen wollen), und reißen Sie die Position der Regalbretter an den Seitenteilen an. Reißen Sie die Breite der Nut etwas geringer als die Stärke der Regalbretter an, so daß Sie eine Preßpassung erhalten. Reißen Sie die Nut mit einem scharfen Anreißmesser quer über die Fasern der Seitenteile an. Reißen Sie die Tiefe der Nut (meist 1/3 der Stärke des Seitenteiles) von der Innenseite des Seitenteiles her an. Fixieren Sie das Werkstück an der Hobelbank. Stechen Sie mit einem 20-mm-Stechbeitel auf der Verschnittseite des Anrisses in das Holz ein, um eine Führung für die Säge zu schaffen. Sägen Sie bis zur Tiefe der Nut ein, und entfernen Sie dann den Verschnitt mit dem Stechbeitel, wobei Sie wann immer möglich von den beiden Seiten zur Mitte hin arbeiten sollten. Sie können einen großen Teil des Verschnitts auch mit dem Bohrer entfernen. Glätten Sie die Sohle der Nut, und stecken Sie das Regalbrett zur Probe ein. Gegebenenfalls können Sie mit dem Hobel etwas Holz von der Unterseite des Regalbrettes entfernen, bis die Verbindung paßt **(22)**.

Treffen zwei Holzstücke an einer Korpusecke aufeinander, wie das zum Beispiel bei einem Kasten der Fall ist, kann man eine ähnliche Verbindung einsetzen. Falls die Nut an der Ecke in voller Stärke angearbeitet wird, handelt es sich um einen Falz, der quer zur Faser verläuft. In diesem Fall sollte die Verbindung mit Leim und Nägeln gesichert werden. Vorzuziehen ist in den meisten Fällen jedoch eine Nut-und-Feder-Verbindung, die bei hinreichender Sorgfalt in der Ausführung lediglich verleimt werden muß, um stabil zu sein.

ZINKUNGEN

Eine deutlich stärkere Eckverbindung läßt sich mit der Schwalbenschwanzzinkung herstellen. Diese Verbindung eignet sich besonders gut für Schubladen. Diese Verbindung ist so stark, weil die Leimfläche groß ist und die Zinken und Schwalbenschwänze ineinandergreifen. Es gibt verschiedene Zinkenverbindungen, die einfachste ist die durchgehende Zinkung **(23)**. In diesem Fall ist das Hirnholz der Zinken und Schwalbenschwänze jeweils an den Seiten sichtbar. Bei der halbverdeckten Zinkung, die oft bei den Vorderstücken von Schubladen verwendet wird, ist das Hirnholz von einer Seite nicht zu sehen.

23

Bei Schubladen werden die Schwalbenschwänze immer an die Seitenteile angeschnitten. Schneiden Sie die Teile auf die erforderliche Länge, wobei die Schnitte rechtwinklig verlaufen müssen. Numerieren Sie die zusammengehörenden Enden, oder kennzeichnen Sie sie auf einer andere Art. Bei eine einfachen Zinkung, bei der die beiden Teile gleich stark sind, gehen Sie wie folgt vor:

A

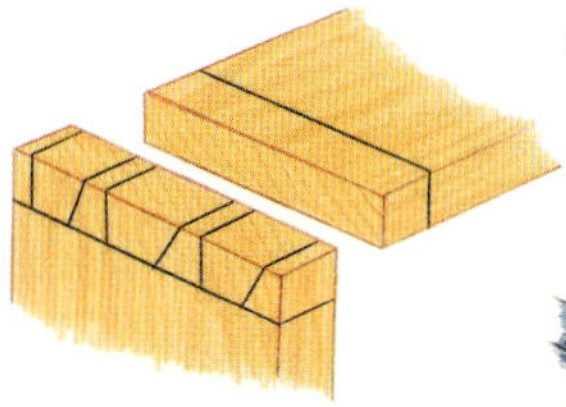

B

A Stellen Sie ein Streichmaß auf die Stärke des Holzes ein, und reißen Sie an den Enden der Stücke diese Stärke ringsherum an. Dies ist die Tiefe der Verbindung. Reißen Sie zuerst die Schwalbenschwänze an, entweder mit der Schmiege oder mit einer Zinkenschablone. Die Schwalbenschwänze sollten gleichmäßige Abstände aufweisen, und die Risse werden dann über das Hirnholz gewinkelt.

B Das Holz wird dann senkrecht eingespannt, und mit der Säge wird auf der Verschnittseite bis zur angerissenen Linie hinuntergesägt, wie es auf der obenstehenden Abbildung zu sehen ist.

C

C Entfernen Sie mit der Laubsäge den größten Teil des Verschnitts. Arbeiten Sie mit dem Stechbeitel von beiden Seiten aus nach.

D Die Zinken werden angerissen, indem man die Schwalbenschwänze als Schablone verwendet. Spannen Sie das Teil, das angerissen werden soll, senkrecht ein, und halten Sie das Teil mit den Schwalbenschwänzen von oben dagegen, wie auf der Abbildung zu sehen. Richten Sie die Schwalbenschwänze sorgfältig aus,

D

und reißen Sie dann mit einem Messer die Zinken deutlich an. Verlängern Sie die Risse bis zur Brüstungslinie hinunter.

E Entfernen Sie wie beschrieben den Verschnitt (schneiden Sie auch hier auf der Verschnittseite des Anrisses), und verputzen Sie die Verbindung mit einem scharfen Stechbeitel. Stecken Sie die Verbindung zur Probe zusammen, und arbeiten Sie gegebenenfalls mit dem Stechbeitel nach.

24

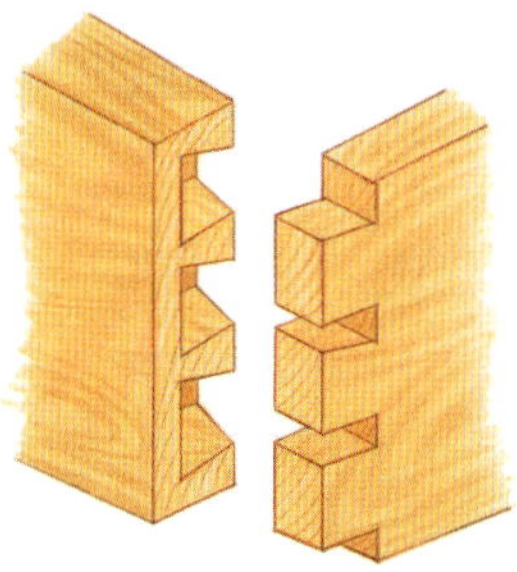

Bei einer halbverdeckten Zinkung ist das Vorderstück meist stärker als die Seitenteile. Diese zusätzliche Stärke liefert das Material für die Abdeckung, die die Schwalbenschwänze versteckt **(24)**. Bereiten Sie das Material so vor, wie für die einfache Zinkung beschrieben, legen Sie die Länge der Schwalbenschwänze fest (der Einfachheit halber nimmt man als Maß oft die Stärke der Seitenteile), und reißen Sie mit dem Streichmaß die Verbindungsstärke an den Enden an. Reißen Sie am Vorderstück die Verbindung an der Innenseite und am Hirnholz an. Schneiden Sie die Schwalbenschwänze und reißen Sie die Zinken so an, wie bei der einfachen Zinkung beschrieben.

A

B

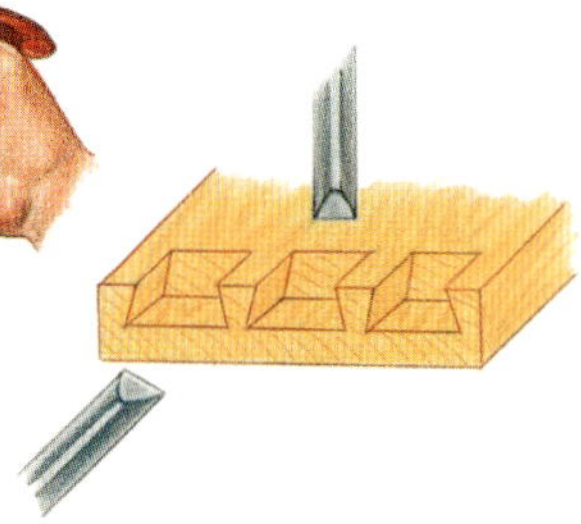

A Spannen Sie das Vorderstück senkrecht ein, und sägen Sie sorgfältig auf der Innenseite schräg bis zum Anriß ein. Vergessen Sie nicht, auf der Verschnittseite des Anrisses zu sägen.

B Spannen Sie das Stück waagerecht auf der Hobelbank ein, und entfernen Sie mit dem Stechbeitel den Verschnitt, mit den senkrechten Schnitten (quer zur Faser) beginnend, dann mit den waagerechten Schnitten. Verwenden Sie einen scharfen Stechbeitel mit angeschrägter Klinge, und schneiden Sie bis in die Ecken der Verbindung hinein. Stecken Sie die Verbindung zur Probe zusammen, und arbeiten Sie gegebenenfalls nach.

Zinkenverbindungen können auch maschinell hergestellt werden, meist sind solche Verbindungen an den gleichmäßigen Abständen der Zinken und Schwalbenschwänze zu erkennen. Es gibt jedoch auch Frässchablonen für die Handoberfräse, mit denen sich Zinken herstellen lassen, die kaum von handgefertigten Zinkungen zu unterscheiden sind.

25

26

ÜBERPLATTUNG

Wenn zwei Holzstücke (meist von gleicher Stärkt) im rechten Winkel übereinandergelegt werden, und die Oberflächen in einer Ebene liegen sollen, wird eine überplattetet Verbindung hergestellt **(25)**.

Hobeln Sie das Material auf Stärke, und stoßen Sie es rechtwinklig zu. Reißen Sie die Verbindung über die gesamte Breite der Holzstücke mit einem scharfen Messer an. Winkeln Sie die Anrisse mit Bleistift über die Schmalkanten. Stellen Sie das Streichmaß auf die halbe Stärke des Materials ein, und reißen Sie die Tiefe der Verbindung auf beiden Teilen an. Stechen Sie mit dem Beitel schräg vom Verriß in den Verschnitt hinein, um eine Führung für die Säge zu erhalten, und sägen Sie dann senkrecht bis zum Anriß für die Tiefe der Verbindung hinab. Entfernen Sie mit dem Stechbeitel den Verschnitt von beiden Seiten aus, so daß sie einen ebenen und glatten Verbindungsgrund erhalten. **(26)**

SCHLITZ-UND-ZAPFEN-VERBINDUNG

Die stärkste und häufigste Rahmenverbindung ist die Schlitz-und-Zapfen-Verbindung. Obwohl es viele verschiedene Varianten dieser Verbindung gibt, werden hier nur drei näher betrachtet: der blinde Zapfen; der Nutzapfen und der Doppelzapfen. Diese Verbindung besteht aus zwei Teilen: dem Schlitz, der meist in den senkrechten Fries des Rahmens geschnitten wird; und dem Zapfen, der eine Verringerung des Querschnitts am waagerechten Fries darstellt und so gearbeitet wird, daß er genau in den Schlitz paßt.

Richten Sie das Material mit dem Hobel zu, achten Sie dabei darauf, daß die Enden rechtwinklig sind. Falls die Verbindung nahe am Ende eines Längsfrieses angebracht werden soll, läßt man dies oft mit Überlänge, um das Reißen des Holzes zu verhindern. Diese Überlänge wird später abgesägt.

A Schneiden Sie die Querfriese auf Länge. Vergessen Sie nicht, die Länge der Zapfen mitzurechnen. Reißen Sie das lichte Innenmaß des Rahmens an den Querfriesen an, und winkeln Sie um das Holz herum. Diese Risse geben die Brüstungen der Zapfen an.

B

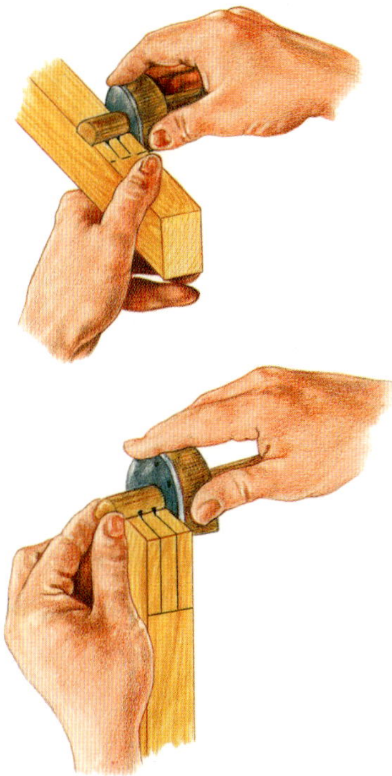

B Reißen Sie die Schlitze an. Die Breite entspricht der Breite der Zapfen. Stellen Sie die Anreißnägel eines Zapfenstreichmaßes auf die Breite eines Stechbeitels ein, der etwa einem Drittel der Stärke des Querfrieses entspricht. Reißen Sie mit dem so eingestellten Streichmaß die Stärke des Zapfens ringsherum an, und vollenden Sie damit auch den Anriß des Schlitzes im Längsfries.

C Schneiden Sie zuerst die Schlitze. Falls Sie dies in Handarbeit erledigen, kann es eine Erleichterung sein, zuerst mit einem kleineren Bohrer einen Teil des Verschnitts zwischen den Rissen zu entfernen und den Schlitz dann mit dem Stechbeitel zu verputzen. Die Schlitze sollten 3 mm tiefer sein, als die Zapfen lang sind.

C

D

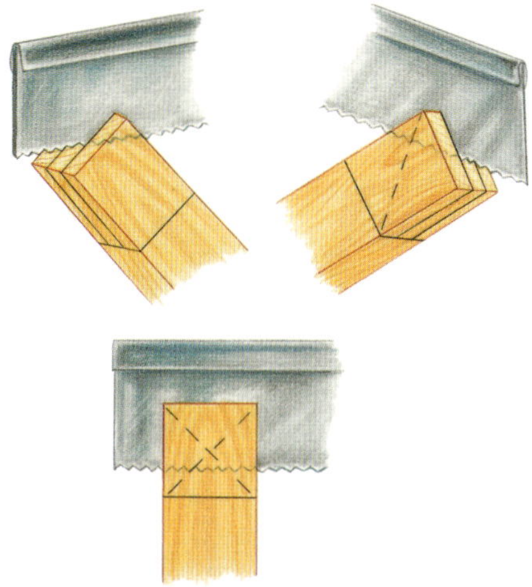

D Schneiden Sie dann die Zapfen. Spannen Sie den Querfries ein, sägen Sie auf beiden Seiten mit drei Schnitten bis zur Brüstungslinie hinab (immer auf der Verschnittseite des Risses), wie in der Abbildung gezeigt. Spannen Sie den Querfries dann auf der Hobelbank ein, und stechen Sie mit dem Beitel am Brüstungsriß auf der Verschnittseite ein, um eine Führung für die Säge zu erhalten.

E

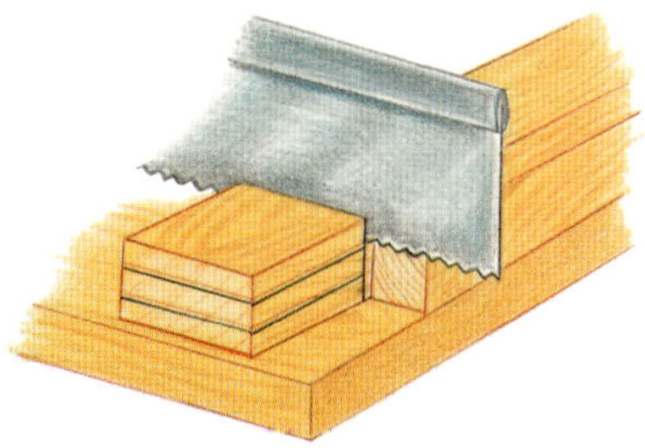

E Sägen Sie senkrecht bis zum Sägeschnitt aus dem vorherigen Schritt hinab, um den Verschnitt zu entfernen. Reißen Sie schließlich die beiden Brüstungen an den Schmalseiten des Zapfens an, und schneiden Sie dort ein.

F

F Verputzen Sie die Zapfen, bis er gut in den Schlitz paßt. Achten Sie darauf, daß alle Teile der Verbindung rechtwinklig aufeinander stehen, damit der Rahmen nicht durch die Verbindung windschief gezogen wird.

27

Die Nutzapfenverbindung ist besonders gut für die Herstellung eines Rahmens geeignet, der auf der Innenseite eine umlaufende Nut hat, um eine Füllung aufzunehmen, wie das zum Beispiel bei einer Tür der Fall ist. Die Feder am Nutzapfen kann die Verbindung stärken, in diesem Fall paßt sie aber auch in das offene Ende der Nut im Längsfries und füllt diese aus. Falls möglich, sollte die Nut die gleichen Maße wie der Schlitz für den Zapfen aufweisen. Schneiden Sie zuerst die Nut und dann den Schlitz, wie im vorherigen Abschnitt beschrieben (vgl. Seite 101).

Reißen Sie den Zapfen an, und sägen Sie zu den Brüstungen hinab, reißen Sie aber die Feder separat an, und lassen Sie diese stehen, wenn sie den Verschnitt entfernen. Verputzen Sie die Verbindung, bis sie gut paßt. **(27)**

28

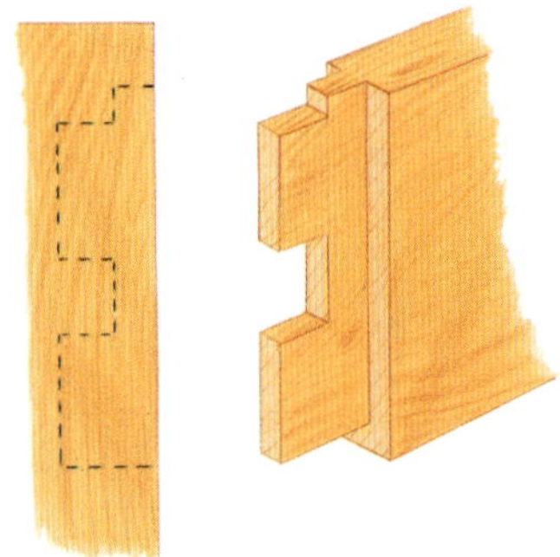

Eine Doppelzapfen-Verbindung wird verwendet, wenn man breite Querfriese in die Längsfriese einpassen möchte. Durch den Doppelzapfen kann der Schlitz kleiner ausgeführt werden, so daß er das Längsfries weniger schwächt. Außerdem wird die Gefahr verringert, daß sich die Verbindung durch das Schwinden des Zapfens lockert. Die Doppelzapfen-Verbindung bietet sich zum Beispiel bei der Konstruktion von Türen mit großflächigen Füllungen oder von Tischen mit sehr breiten Zargen an. Reißen Sie die Verbindung so an, wie oben gezeigt. Schneiden Sie zuerst den Schlitz einschließlich der Ausklinkungen für den Nutzapfen und das Mittelstück zwischen den Zapfen. Reißen Sie dann den Doppelzapfen mit Nutzapfen und Mittelstück an, und schneiden Sie ihn aus. Verputzen Sie die Verbindung, bis sie gut paßt. **(28)**

Es gibt Maschinen und Zubehör für Ständerbohrmaschinen, mit denen man Schlitze schneiden kann. Auch Zapfen lassen sich maschinell herstellen, das geschieht zum Beispiel in der Möbelherstellung. In kleinerem Maßstab kann man Zapfen mit geeigneten Vorrichtungen auch auf der Kreissäge, mit der Bandsäge oder mit der Handoberfräse herstellen.

29

Blinde Zapfenverbindung

Durchgehende, verkeilte Zapfenverbindung

30

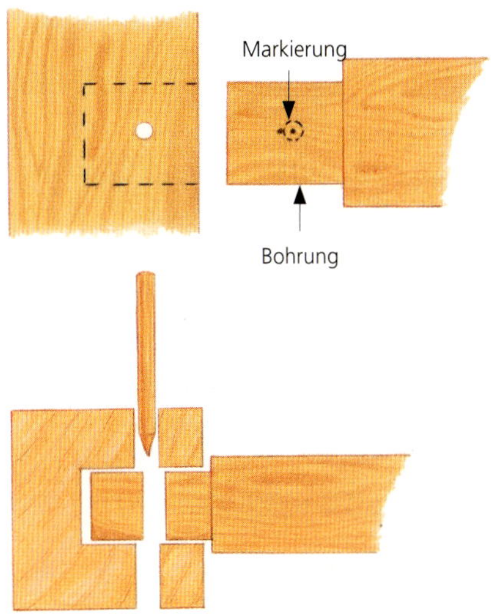

RUNDZAPFEN UND ZAPFENLÖCHER

Dies ist die Verbindung, die traditionellerweise im Stuhlbau verwendet wird, um Stuhlbeine mit Sitzflächen oder Querstreben mit senkrechten Bauteilen zu verbinden. Die Zapfenlöcher werden gebohrt, sie können entweder durchgehend oder blind sein. Durchgehende Verbindungen werden oft verkeilt **(29)**. Manche Handwerker befürworten Zapfenlöcher, die sich verjüngen, aber eine sicherere Verbindung erreicht man mit geraden Zapfenlöchern, deren Wandungen parallel verlaufen. Bohren Sie zuerst das Zapfenloch – besonders geeignet sind Forstnerbohrer –, und fertigen Sie dann den Rundzapfen mit dem Messer oder mit schleifenden Werkzeugen an. Als Faustregel kann gelten, daß die Tiefe des Zapfenloches nicht geringer als sein Durchmesser sein sollte.

AUF ZUG GEBOHRTE ZAPFENVERBINDUNG

Eine alte Methode, um Zapfenverbindungen zusammenzuziehen und zu sichern, ist die Verwendung eines Holznagels, der durch die Verbindung gesteckt wird. Diese auf Zug gebohrte Verbindung wird in modernen Kopien alter Möbel oft kopiert, aber meist falsch, da bei den Kopien ein Loch durch die zusammengesteckte Verbindung gebohrt wird.

Die richtige Art, eine solche Verbindung herzustellen, ist wie folgt: Nachdem Sie die Verbindung geschnitten haben, bohren Sie ein passendes Loch durch den Schlitz, aber ohne daß der Zapfen im Schlitz steckt. Stecken Sie dann den Zapfen in ganzer Länge in den Schlitz, und markieren Sie durch das gebohrte Loch dessen Stellung auf dem Zapfen. Entfernen Sie den Zapfen wieder, versetzen Sie die Markierung etwa 1,5 mm in Richtung Brüstung, und bohren Sie dort durch den Zapfen. Dieser leichte Versatz zieht die Verbindung sehr eng zusammen, wenn ein Holzstift durch das Loch getrieben wird. Der Stift sollte aus Holz mit gerader Maserung bestehen, der Kopf etwas größer als das Bohrloch, und das untere Ende leicht angespitzt, um den Stift besser in das Loch eintreiben zu können. Schneiden Sie den Stift bündig ab, wenn die Verbindung fertiggestellt ist. **(30)**

Oberflächenbehandlung

Es gibt Hölzer, die von Natur aus haltbarer sind als andere. Aber jedes Holz kann durch ein geeignetes Oberflächenmittel gewinnen. Manche Mittel sollen die Oberfläche des Holzes schützen, indem Sie die Poren verschließen. Andere, wie deckende Lacke zum Beispiel, sollen die Oberfläche verstecken oder anders aussehen lassen. Klare Lacke und Polituren zielen dagegen darauf ab, die natürliche Schönheit des Holzes zur Geltung zu bringen. Außerdem schützen die meisten Oberflächenmittel auch mehr oder weniger gegen den Verschleiß der alltäglichen Nutzung der Möbelstücke. Darüber hinaus können viele Oberflächenmittel auch im Laufe der Zeit und in Abhängigkeit von den Modeströmungen erneuert werden. Es gibt heute eine geradezu verwirrende Vielfalt an Mitteln, mit denen man Holzoberflächen behandeln kann. Früher war die Auswahl sehr viel geringer, auch wenn es verschiedene Lackformeln und einige unterschiedliche Öle und Wachse gab. Für den ländlichen Handwerker war die Auswahl noch weiter eingeschränkt, da nicht jedes Mittel erhältlich oder bezahlbar war. Das Gebiet der Oberflächenbehandlung ist kompliziert, und an dieser Stelle können nur einige allgemeine Hinweise gegeben werden. Lassen Sie sich im Zweifelsfall im Farben- und Lackfachhandel beraten. Sie sollten auch auf jeden Fall die Gebrauchshinweise der Hersteller aufmerksam studieren, bevor Sie sich für ein Mittel entscheiden.

FARBEN

Hinweise auf die frühe Verwendung von Farben geben uns die bemalten Möbel und Artefakte der alten Ägypter wie auch die Farbigkeit in mittelalterlichen Gebäuden. Man verwendete die örtlich verfügbaren mineralischen und vegetabilischen Pigmente, um ein geeignetes Medium einzufärben: Wasser, um Kalkfarben zu erhalten zum Beispiel, oder eine Mischung von Wasser und Eigelb oder Leinöl, um Temperafarben zu erhalten. Leinöl wurde auch verwendet, um Ölfarben herzustellen.

Kaseinfarbe

Kalk- und Leimfarben waren für die Behandlung von Holz nicht so geeignet wie für die Bemalung von Wänden. Tempera- und Ölfarben waren teuer und aufwendig in der Herstellung. Im Laufe der Zeit fand man jedoch eine Produkt, das einen Kompromiß bot: Kasein- oder Milchfarbe. Kaseinfarben werden hergestellt, indem man Mineralpigmente mit entrahmter Milch und etwas Kalk mischt. Vor allem in den ländlichen Gegenden Nordamerikas wurden die Kaseinfarben sehr beliebt, da hier die preiswerten Rohstoffe leicht zu erhalten waren. Kaseinfarben sind nicht nur einfach herzustellen und aufzutragen, sie trocknen auch zu einer haltbaren, glatten, nicht glänzenden Oberfläche. Außerdem haben Kaseinanstriche klare Farben, die mit der Zeit eine angenehme Patina bekommen.

Kaseinfarben werden mit dem Pinsel oder einem Schwamm aufgetragen. Da die Farbe wasserlöslich ist, ist die Anwendung nicht unangenehm. Die Farbe trocknet recht schnell und wird dabei etwas heller. Durch einen zweiten Auftrag läßt sich die Deckkraft der Farbe erhöhen. Ist die Farbe trocken, können Sie einen klareren Lack, Politur oder Wachs auftragen, um die Oberfläche zu versiegeln und dunkler zu machen. Kaseinfarbe ist ein sehr authentisches altes Oberflächenmittel, das zudem absolut umweltfreundlich ist. Zu den modernen wasserlöslichen Farben gehören verschiedenen Acrylfarben und Emulsionen.

Ölfarbe

Ölfarben waren ursprünglich eine Mischung aus Leinöl, Farbpigmenten, Weißbleierz und Terpentin als Lösemittel. Moderne Ölfarben bestehen meist aus einer Mischung verschiedener Öle und synthetischer Harze, wobei das Blei aus Sicherheits- und Gesundheitsgründen entfällt. Als Lösemittel wird meist Testbenzin verwendet. Moderne Ölfarben sind in drei Glanzstufen (matt, seidenmatt und hochglänzend) und in einer Vielzahl unterschiedlicher Farbtöne erhältlich. Sie sind hochdeckend und ergeben eine verhältnismäßig zähe und haltbare Oberfläche. Vor dem Auftrag auf Holz muß dieses jedoch erst vorgestrichen oder mit einer Grundierung behandelt werden. Die Nachteile von Ölfarben sind seine lange Trockenzeit und die mühselige Reinigung der Pinsel und anderer Werkzeuge in Testbenzin.

LACKE

Traditionelle Lacke und Firnisse stellte man aus Naturharzen wie Kopal her, die in Öl (Leinöl) oder Äthanol gelöst wurden. Das dabei entstehende Produkt ist fast farblos und kann als Grundierung von Holz oder als Schutzschicht über einem Mattlack verwendet werden. Ein solcher Lack dient auch als Konservierungsmittel und ergibt eine gute, strapazierfähige Oberfläche.

Moderne Klarlacke basieren meist auf Polyurethan, sie sind hochglänzend, seidenmatt oder matt im Handel. Polyurethanlacke ergeben eine harte, widerstandsfähige Oberfläche, die auch effektiv gegen Feuchtigkeit schützt. Sie sollten am besten in mehreren Schichten aufgetragen werden, die jeweils zur Hälfte mit Testbenzin verdünnt werden. Das Ergebnis ist besser als ein einziger Auftrag direkt aus dem Gebinde. Lassen Sie jede einzelne Schicht gut trocknen, und schleifen Sie sie mit sehr feinem Schleifpapier an, bevor Sie die nächste Schicht auftragen. Lediglich die letzte, oberste Schicht wird nicht mehr geschliffen. Entfernen Sie aber sorgfältig allen Staub, da er die Oberfläche ruinieren würde.

BEIZEN

Beizen verändern oder intensivieren die Farbe des Holzes und „feuern" die Maserung an, lassen Sie also deutlicher hervortreten. Es gibt vier verschiedenen Typen: Wasserbeizen, lösemittelhaltige Beizen, Ölbeizen und chemische Beizen. Nehmen Sie immer vor der Anwendung einer Beize eine Probe vor.

Bereiten Sie das Holz sorgfältig auf das Beizen vor. Oberflächenschäden und grobe Faserpartien werden durch die Beize hervorgehoben, und fettige Stellen oder Klebstoffreste weisen die Beize ab, so daß der Auftrag fleckig wird.

Wasserbeizen dringen in die Holzfasern ein, wodurch aber die Fasern aufgerichtet werden. Das Holz muß dann vor der Weiterbehandlung nochmals geschliffen werden. Wenn man das Holz anfeuchtet, trocknen läßt und dann schleift, bevor man es beizt, kann man dieses Problem etwas reduzieren. Ölbeizen richten die Holzfasern zwar nicht auf, sie trocknen aber langsam und sind recht teuer. Lösemittelhaltige Beizen sind besonders schwierig gleichmäßig aufzutragen, da sie sehr schnell trocknen. Dunklere Stellen, wo der Auftrag überlappt, können zu einem Problem werden. Chemische Beizen rufen durch eine Reaktion mit Holzinhaltsstoffen eine Farbänderung hervor, die aber manchmal etwas unvorhersehbar sein kann. Nach dem Auftragen und Trocknen einer Beize sollte die Oberfläche mit einem Klarlack, Öl oder Wachs versiegelt werden.

WACHS UND ÖL

Bienenwachs und Leinöl sind vermutlich die ältesten bekannten Oberflächenmittel. Beide sind farblos oder annähernd farblos, und beide geben dem Holz einen wunderbaren Glanz, der die Farbe und Maserung zu bester Geltung bringt. Sie sind leicht erhältlich und einfach aufzutragen und deshalb beliebte Oberflächenmittel. Als Nachteil muß der geringe Schutz gelten, den sie der Oberfläche verleihen – sie zerkratzen leicht und halten Stöße nicht ab. Andererseits sind sie sehr leicht aufzufrischen oder zu erneuern.

Wachs

Es gibt verschiedene gute Wachspolituren, die man käuflich erwerben kann. Achten Sie jedoch darauf, eines auf der Grundlage von Bienenwachs zu erhalten – es gibt auch solche, die auf Paraffinwachs basieren. Meiden Sie Wachspolituren, die Silikon enthalten. Dadurch wird zwar der „strahlende Glanz" hervorgerufen, den die Werbung so gerne rühmt, aber ansonsten wird das Holz kaum geschützt oder genährt. Alle Wachse sind mit manchen anderen Oberflächenmitteln unverträglich – Lack haftet zum Beispiel nicht auf gewachsten Flächen.

Wachs läßt sich auf das unbehandelte Holz auftragen und dann durch wiederholten Auftrag zu der gewünschten Oberflächengüte aufbauen. Wenn man das Holz jedoch erst grundiert, zum Beispiel mit einem Schleifgrund oder einem verdünnten Auftrag von Schellack oder Polyurethanlack, dann wird das Wachs gleichmäßiger verteilt und man spart sich eine Menge Arbeit. Schleifen Sie die Grundierung mit einem sehr feinen Schleifmittel an, bevor Sie die Oberfläche wachsen. Geben Sie das Wachs mit einem weichen Tuch an, verreiben Sie es gut, und lassen Sie es einige Minuten trocknen, bevor Sie es mit einem sauberen, trockenen Tuch polieren. Wiederholte Wachsaufträge erhöhen den Glanz und führen mit der Zeit zu einer satten Alterspatina.

Öl

Einmal täglich für eine Woche, einmal wöchentlich für einen Monat, einmal monatlich für ein Jahr und einmal jährlich auf ewig – so lautet seit alters her die Anleitung für das richtige Ölen eines Möbelstücks. Das Öl, das traditionellerweise dafür verwendet wurde, war Leinöl. Und Leinöl muß in der Tat wiederholt aufgetragen werden. Jeder Auftrag muß trocknen (also oxidieren), bevor die nächste Schicht aufgetragen wird. So soll Schicht auf Schicht kommen, bis das Holz vollkommen ölgesättigt ist.

Gekochtes Leinöl trocknet zwar schneller als unbehandeltes, aber heute werden meist andere Öle verwendet: Moderne Zusammensetzungen wie Tung-Öl, Teak-Öl und Danish Oil enthalten Oxidierungsmittel, die zu einem schnellen Trockenprozeß beitragen. Diese käuflich zu erhaltenden Öle werden genauso wie Leinöl mit einem Tuch oder Pinsel aufgetragen. Da sie aber schneller in das Holz eindringen und schneller trocknen, müssen sie nur zwei- oder dreimal aufgetragen werden.

ALTERN

Es gibt eine Reihe verschiedener Techniken, mit denen sich die Auswirkungen der Zeit, des Sonnenlichtes, von Staub, Feuchtigkeit und anderen Abnutzungserscheinungen nachahmen lassen. Dieses künstliche Altern wird inzwischen weitverbreitet angewandt – aus ästhetischen Gründen – und ist auch aus diesen Gründen allgemein akzeptiert. Allerdings wird es auch von Fälschern benutzt, um modernen Nachbauten alter Möbel das Aussehen echter Antiquitäten zu verleihen. Beim künstlichen Altern kann das Holz regelrecht beschädigt werden, es kann aber auch mit verschiedenen Mitteln behandelt werden, um das Verblassen, Reißen, Abflocken oder ähnliche Veränderungen eines Lackes zu imitieren.

Künstliches Altern von Holz

Man kann Holz noch vor dem Auftrag eines Oberflächenmittels künstlich altern, indem man die Oberfläche zerkratzt, eindellt, mit einer Drahtbürste behandelt oder die Ecken und Kanten abrundet und kleine Splitter abträgt. Nadelhölzer eignen sich besonders für die Behandlung mit der Drahtbürste. Abnutzungserscheinungen an Stuhllehnen oder Tischbeinen lassen sich gut durch Schleifen der Oberfläche nachahmen. Achten Sie darauf, an jenen Stellen zu schleifen, an denen auch bei normalem Gebrauch die echten Verschleißspuren auftreten würden.

Eine andere, weitverbreitete Methode, um frisches Holz künstlich zu altern, ist der Auftrag eines Patinierungsmittels. Solche Oberflächenmittel werden durch den Zusatz von kleinen Pigmentmengen (gebranntes Umbra, Sienna oder Vandyke-Braun) zu einem farblosen Öl hergestellt. Die Öl-Grundlage kann zum Beispiel aus 1 Teil gekochtem Leinöl und 2 Teilen Testbenzin bestehen. Man kann aber auch verdünntes Öl, klaren Lack oder Polyurethanlack verwenden. Auch eine wasserlösliche Grundlage kann benutzt werden. Tragen Sie die Mischung mit einem Tuch oder Pinsel auf, und reiben Sie sie sofort wieder ab, so daß die Pigmente nur in den Dellen, Rissen und Vertiefungen zurückbleiben.

Verdünnter grauer oder cremeweißer Mattlack kann bei Laubhölzern auf die gleiche Art aufgetragen und wieder abgewischt werden, um gealterte Anstriche nachzuahmen. Es gibt auch besondere Beizen, mit denen sich der Farbton gealterter Kiefer imitieren läßt. Mittel, die Ätzkalk, Ätznatron, Ammoniak oder Schwefelsäure enthalten, können auch sehr effektiv sein, sie sind

allerdings gefährlich in der Verwendung, so daß Sie sehr vorsichtig vorgehen müssen. Antikwachse sind Fertigprodukte, die dunkle Pigmente enthalten. Sie geben Holz, auf das sie aufgetragen werden, sehr schnell ein gealtertes Aussehen, da sie wie eine Mischung aus Wachspolitur und Schmutzresten wirken. Diese Mischung ist das, was landläufig als Alterspatina bezeichnet wird. Man kann die käuflichen Produkte auch durch eine Mischung aus Wachspolitur mit Farbpigmenten oder Schuhcreme ersetzen.

Künstliches Altern von Farbe

Sie können Mittel zur Patinierung auch auf farbigen Anstrichen auftragen. Dadurch wird der Anstrich dunkler, ein Effekt, der normalerweise auf natürliche Weise erst nach Jahren entsteht. Behandelt man einen farbigen Anstrich mit Schleifpapier oder Stahlwolle, wird die Färbung heller. Das täuscht Gebrauchs- und Verschleißspuren vor, und das Verblassen der Farben unter dem Einfluß von Sonnenlicht. Wenn Sie an bestimmten Stellen den Anstrich ganz wegschleifen, so daß die darunterliegenden Farbschichten zum Vorschein kommen, kann dies sehr ansprechende Wirkungen erzielen. Einen ähnlichen Effekt erreichen Sie, indem Sie in einer Farbe bemalen, diese Schicht trocknen lassen, eine zweite Schicht in einer kontrastierenden Farbe auftragen und diese stellenweise wieder abwischen, bevor sie getrocknet ist. Besonders wirkungsvoll ist dieses Verfahren, wenn man dort die Farbe wegwischt, wo auch normalerweise die meisten Gebrauchsspuren auftreten würden und dort vielleicht sogar bis auf das rohe Holz hinab geht. Lassen Sie sich inspirieren, indem Sie sich ein echtes antikes bemaltes Stück genauer ansehen. So bekommen Sie eine Vorstellung davon, wie das Resultat Ihrer Behandlung aussehen sollte.

Abblätternde Farbe ist ein Merkmal, das man oft mit bemalten alten Möbeln in Verbindung bringt, vor allem wenn diese Möbel feucht geworden sind. Trägt man auf eine Oberfläche (entweder auf das rohe Holz oder auf eine vorherige Farbschicht) Wachs auf, können nachfolgende Farbaufträge dort nicht haften. Nachdem die oberste Farbschicht getrocknet ist, können Sie durch vorsichtiges Reiben der gewachsten Stellen dort die Farbe entfernen, so daß die Farbe wie abgeblättert aussieht. Durch Feuchtigkeit können Lack- oder Farbschichten reißen oder brechen. Es gibt Speziallacke, die diesen Effekt nachahmen. Die Wirkung beruht meist darauf, daß sich wasserlösliche Farben und Ölfarben nicht mischen lassen und sie unterschiedliche Trocknungszeiten haben. Die beste Wirkung erzielen Sie, wenn Sie zwei Schichten in kontrastierenden Farben auftragen. Gegebenenfalls können Sie auch noch mehr Farbe in die entstandenen Risse einreiben, nachdem die Oberfläche getrocknet ist.

Bei all diesen Verfahren muß sorgfältig gearbeitet werden, wenn man eine natürliche Wirkung erreichen will. Bedenken Sie, daß manche Stellen mehr unter Verschleiß leiden würden als andere, und daß Staub und Schmutz sich eher in Vertiefungen (von Profilen etwa) ansammeln als auf glatten Flächen. Achten Sie darauf, daß exponierte Flächen und Kanten, wie Tischplatten und Schubladenvorderstücke, meist heller im Ton sind, da sie schneller verschleißen und mehr dem Sonnenlicht ausgesetzt sind. In der Nähe von Tür- und Schubladengriffen werden Gebrauchsspuren und Schmutzreste auch stärker sein. Diese Effekte lassen sich mit Künstlerfarben und einem kleinen Pinsel recht gut nachahmen.

Wenn Sie das erwünschte gealterte Aussehen erreicht haben, tragen Sie als Schutz einen klaren Lack auf – er sollte allerdings nicht zu stark glänzen.

Die leuchtenden Farben der Kästen auf Seite 108 passen gut zueinander und unterstützen den Eindruck, daß es sich um nützliche und zugleich schöne Gebrauchsgegenstände handelt.

Die schlichte, aber sehr solide Konstruktion des Aufsatzschrankes auf Seite 109 mit seinem verschlissenem Anstrich ist ein typisches Beispiel für den sogenannten „Neu-England-Stil". Allerdings vermute ich, daß dieser Stil sehr viel dem Stil des alten England zu verdanken hat. Der Schrank sieht so wohl so aus, weil man ihn im Laufe der Jahre immer wieder übermalt hat. Andererseits kann es sich auch um eine gelungene Imitation handeln, bei der mehrere Farbschichten aufgetragen und sogleich wieder teilweise abgerieben wurden. Wie man so ein Aussehen erreicht, ist oben beschrieben. Der Stuhl mit Leiterlehne und Binsensitz auf dem Bild ist mit einem mattroten Erdton bemalt und dann gewachst worden, um den gewünschten tiefen Glanz zu erreichen.

(Links) **Das rohe Holz des entschieden ländlichen Tisches** ist mit einem glänzenden Lack behandelt worden. Auf dem Tisch sieht man verschieden bemalte Gegenstände.

Holzarten

Man sollte zunächst Informationen über die Eigenschaften eines Holzes sammeln, seine mechanischen Eigenschaften, die Farbe, die Haltbarkeit und so weiter, bevor man sich für ein Holz für ein bestimmtes Vorhaben entscheidet. Es ist auch hilfreich, wenn man weiß, ob es sich um ein Laubholz (L) oder Nadelholz (N) handelt. Auf den folgenden Seiten finden Sie kurze Beschreibungen der nordamerikanischen und europäischen Holzarten, die für die Werkstücke in diesem Buch verwendet oder empfohlen worden und für den ländlichen Handwerker leicht verfügbar sind.

Man kann zugeschnittenes und gehobeltes Holz aus verschiedenen Quellen beziehen. Nadelhölzer sind meist preiswerter als Laubhölzer, sie sind aber auch weniger haltbar. Kleinere Holzmengen werden meist zu Quadratmeterpreisen bei einer gegebenen Holzstärke verkauft. Die Preisangabe nach Rauminhalt (pro Kubikmeter, Festmeter oder Raummeter) ist eigentlich nur beim Einkauf von größeren Mengen unbehandelten Holzes üblich.

Die typische Birke Nordamerikas ist die Papierbirke (*Betula papyrifera*)

09470
09478
09538
09479
07962
07965

AHORN (L)

Von den vielen Ahornarten ist in Nordamerika der Zuckerahorn (*Acer saccharum*) vielleicht am bekanntesten. Es ist ein schweres und hartes Holz mit feinen Fasern und einer weißen bis blaßbraunen Farbe. Es kann manchmal etwas schwierig zu bearbeiten sein, ist aber sehr abnutzungsfest und läßt sich gut oberflächenbehandeln. Rot-Ahorn (*A. rubrum*) ist nicht so hart wie Zuckerahorn, dafür aber auch leichter zu bearbeiten. Der Feldahorn (*A. campestre*) wächst oft nur zu geringer Größe heran und ist deshalb kein typisches Handelsholz. Keine der Ahornarten ist im Außenbereich haltbar.

BIRKE (L)

Die Birke ist vermutlich die ausdauerndste und am weitesten verbreitete Baumart der Welt. Birken (*Betula sp.*) können in der Größe von Strauchwerk bis zu mittelgroßen Bäumen variieren. Die typische Birke Nordamerikas ist die Papierbirke (*B. papyrifera*, auf Seite 114 abgebildet), auch die Gelbbirke (*B. alleghanensis*) und die Zuckerbirke (*B. lenta*) sind dort häufig zu finden. In Europa findet man vor allem die Silberbirke (*B. pendula*) und die Moorbirke (*B. pubescens*). Das Splintholz der Birke ist cremig-weiß, das Kernholz blaßbraun. Birkenholz läßt sich recht gut bearbeiten und oberflächenbehandeln, es ist im Außenbereich allerdings nicht haltbar.

BUCHE (L)

Dieses harte und abnutzungsfeste Holz läßt sich gut bearbeiten. Die europäische Buche (*Fagus sylvatica*) wächst zu einem großen Baum heran, dessen Holz wegen seiner einheitlich feinen Struktur geschätzt ist. Die amerikanische Buche (*F. grandifolia*) ist relativ klein. Ihr Holz ähnelt dem des europäischen Gegenstücks, wenn auch die Struktur etwas grober ist. Buche ist meist blaßbraun bis rötlichbraun gefärbt. Das Maserbild ist oft etwas ausdruckslos, dafür läßt sich das Holz jedoch gut beizen und polieren. Falls es unter feuchten Bedingungen eingesetzt werden soll, muß es entsprechend mit Holzschutzmitteln behandelt werden.

EICHE (L)

Es gibt sehr viele verschiedene Eichenarten. Die amerikanischen Eichen werden meist als Weiß-Eiche (*Quercus alba*) und Rot-Eiche (*Quercus rubra*) bezeichnet, während die europäischen Arten als Stiel-Eiche, Sommer-Eiche (*Q. robur*) oder Trauben-Eiche, Winter-Eiche (*Q. petraea*) bezeichnet werden. Eichenholz ist wegen seiner Härte und Widerstandsfähigkeit bekannt. Diese Eigenschaften variieren allerdings je nach Wuchsbedingungen und –geschwindigkeit. Alle Eichenarten sind hart, haltbar und gut zu bearbeiten. Weiß-Eiche ähnelt den europäischen Arten, während die Rot-Eiche gröbere Fasern hat und ein weniger attraktives Maserbild aufweist. Die Holzfarbe variiert von blaßgelb bis braun, oft mit einem leichten Rosaton. Eichenholz enthält Tannin und kann deswegen korrodierend auf eisenhaltige Metallverbindungen wirken.

ESCHE (L)

Die Gemeine oder Europäische Esche (*Fraxinus excelsior*) ist ein großer Baum, dessen Name schon auf seine Herkunft hinweist. In Kanada und den USA wächst eine verwandte Art (*F: americana*), die meist etwas kleiner bleibt, dafür aber in verschiedenen Farben auftritt (Black ash, White ash, Yellow ash und Blue ash). Der Faserverlauf des Holzes ist meist gerade, die Fasern sind grob, das Holz ist zäh und biegsam. Es ist weißlich bis hellbraun gefärbt und weist eine sehr typische Maserung auf. Es läßt sich gut bearbeiten und gut oberflächenbehandeln. Allerdings ist es im Außenbereich nicht sehr haltbar, wenn es nicht mit entsprechenden Holzschutzmitteln behandelt wird.

HASELNUSS (L)

Die Haselnuß ist eher ein Strauch als ein Baum. Der europäische Hasel (*Corylus avellana*) wurde früher im Niederwald kultiviert. Die dort geernteten, geraden und kräftigen Äste wurden für eine Vielzahl von Handwerkszwecken verwendet. Zu den nordamerikanischen Haselnüssen zählen *C. americana* und *C. californica*.

HICKORY (L)

Hickory (*Carya glabra, C. laciniosa* und andere) stammt aus Kanada und den östlichen USA. Es ist ein hartes, gerade gemasertes Holz, das in vielen Hinsichten der Esche ähnelt. Sein feinfaseriges Holz ist jedoch zäher als das der Esche.

KIEFER (N)

Kiefernholz wird vielleicht häufiger eingesetzt als alle anderen Arten. Als Kiefer werden alle Arten der Familie *Pinus* bezeichnet, darüber hinaus im Handel aber auch einige Arten, die nicht zu dieser Familie gehören. Die Eigenschaften der 35 oder mehr nordamerikanischen Kiefernarten variieren von der harten Sumpfkiefer (*P. palustris*) des Südens bis hin zu der weicheren Weymouths-Kiefer (*P. strobus*) des Ostens und der Westlichen Weymouths-Kiefer (*P. monticola*). Weymouths-Kiefer ist ein leicht zu bearbeitendes Holz, das blaß gelb bis braun gefärbt ist, die Westliche Weymouths-Kiefer ist im Aussehen ähnlich, das Holz ist jedoch härter. Die europäische Waldkiefer oder Föhre (*P. sylvestris*) ist ein sehr beliebtes Holz, das relativ hart und etwas harzreich ist. Es ist gelblichbraun bis rotbraun gefärbt und weist oft eine markante Maserung auf. Es läßt sich (mit der Ausnahme von Aststellen) leicht bearbeiten und kann gut oberflächenbehandelt werden. Alle Kiefernarten sind gut zu beizen, lackieren und polieren. Sie sind allerdings im Außenbereich nicht sehr haltbar, wenn sie nicht mit entsprechenden Holzschutzmitteln behandelt werden.

KIRSCHBAUM (L)

Amerikanischer Kirschbaum (*Prunus serotina*) ist ein ansprechendes, gut zu verabeitendes, fein- und gerademaseriges Holz. Der Baum ist mittelgroß, es gibt allerdings auch kleiner bleibende Arten. Die europäische Art (*P. avium*, Vogelkirsche) ist ebenfalls eine kleiner bleibende Art, die meist für kleinere Arbeiten verwendet wird. Kirschholz ist rötlichbraun gefärbt und mit scharfen Werkzeugen nicht schwierig zu bearbeiten. Es läßt sich gut oberflächenbehandeln und auf Hochglanz polieren.

LINDE (L)

Das feinfaserige Holz der Linde (*Tilia vulgaris*) läßt sich leicht bearbeiten. Da es in allen Richtungen gleich gut zu schneiden ist, eignet es sich besonders gut als Schnitzholz. Das Holz ist creme-weiß gefärbt.

NUSSBAUM (L)

Das Holz des Walnußbaums ist sehr auffällig und zeichnet sich durch einige gute Eigenschaften aus. Amerikanischer Nußbaum (*Juglans nigra*) ist ein großer Baum, dessen hartes, etwas grobfaseriges Holz gerade oder gewellt gemasert sein kann. Das Kernholz ist satt purpurbraun bis schwarz. Es ist gut zu bearbeiten, läßt sich auf Hochglanz polieren und ist im Außenbereich mäßig haltbar. Der europäische Nußbaum (*J. regia*) ist kleiner, sein Holz variiert in der Färbung von graubraun bis braun, oft mit dunkleren Streifen. Die Eigenschaften ähneln denen des amerikanischen Nußbaums.

PLATANE (L)

Die Platane (*Platanus hybrida*) hat ein feinmaseriges, hellbraunes bis rötlichbraunes Holz. Es läßt sich gut bearbeiten und oberflächenbehandeln, ist im Außenbereich allerdings nur bei entsprechender Behandlung mit Holzschutzmitteln dauerhaft.

ULME (L)

Die verschiedenen Ulmenarten (darunter *Ulmus Americana* und *U. procera*) waren einst in Nordamerika und Europa weit verbreitet. Allerdings sind die Bestände durch das sogenannte „Ulmensterben" stark dezimiert worden. Die europäischen Ulmen sind größer als ihre amerikanischen Verwandten. Das Holz hat eine grobe Struktur und ist oft drehwüchsig, es läßt sich jedoch mit scharfen Werkzeugen gut bearbeiten. Das Holz ist beigebraun gefärbt, und die meisten Arten (vor allem *U. procera*) weisen ein schönes Maserbild auf. Ulmenholz ist im Außenbereich nicht haltbar.

ZEDER (N)

Die Echte oder Libanon-Zeder (*Cedrus libani*) ist ein großer Baum, der einen Stammdurchmesser von 1,5 m erreichen kann. Das Holz hat gerade Fasern, ist etwas spröde, läßt sich aber (außer in der Umgebung von Aststellen) gut bearbeiten. Zedernholz ist aromatisch, der Geruch wirkt auf Motten abschreckend. Es gibt verschiedene nordamerikanische Holzarten, die als „Cedar" bezeichnet werden: white cedar (*Thuja occidentalis*), western red cedar (*T. plicata*), yellow cedar (*Chamaecyparis nootkatensis*) und andere mehr. In Deutschland ist meist nur das rötlichbraune, etwas grobfaserige Holz der Rotzeder (western red cedar) zu bekommen.

Schablonen

Die Schablonen sind nach Werkstücken zusammengestellt worden. Die Umrisse überschneiden sich, aber sie lassen sich durch die verschiedenen Symbole an den Linien unterscheiden, die jeweils einem Stück zugeordnet sind (vgl. Legende links). Pausen Sie die Linien für jedes Stück jeweils einzeln ab, und kennzeichnen Sie die Schablone. Die Schablonen auf den Seiten 118–120 sind auf 80% der Originalgröße verkleinert, diejenigen auf Seite 123 auf etwa 25 %. Die erstgenannten lassen sich mit einem Fotokopierer auf 125 % vergrößern, aber die letzteren müssen vermutlich mit einem Raster vergrößert werden (siehe Seite 123).

- **Lockente** 6 Schablonen, Seite 119
- **Schneidbretter** 2 Schablonen (B & C), Seiten 118, 119
- **Löffelgestell** 2 Schablonen, Seite 118
- **Kerzenkasten** 3 Schablonen, Seite 120
- **Fünf-Brett-Bank** 1 Schablone, Seite 120
- **Wiege mit Haube** 2 Schablonen, Seite 121
- **Bauernbett** 1 Schablone, Seite 121
- **Traditionelles Spiel-Windrad** 8 Schablonen, Seite 122
- **Schaukelstuhl** 5 Schablonen, Seite 123
- **Shaker-Regale** 1 Schablone, Seite 123

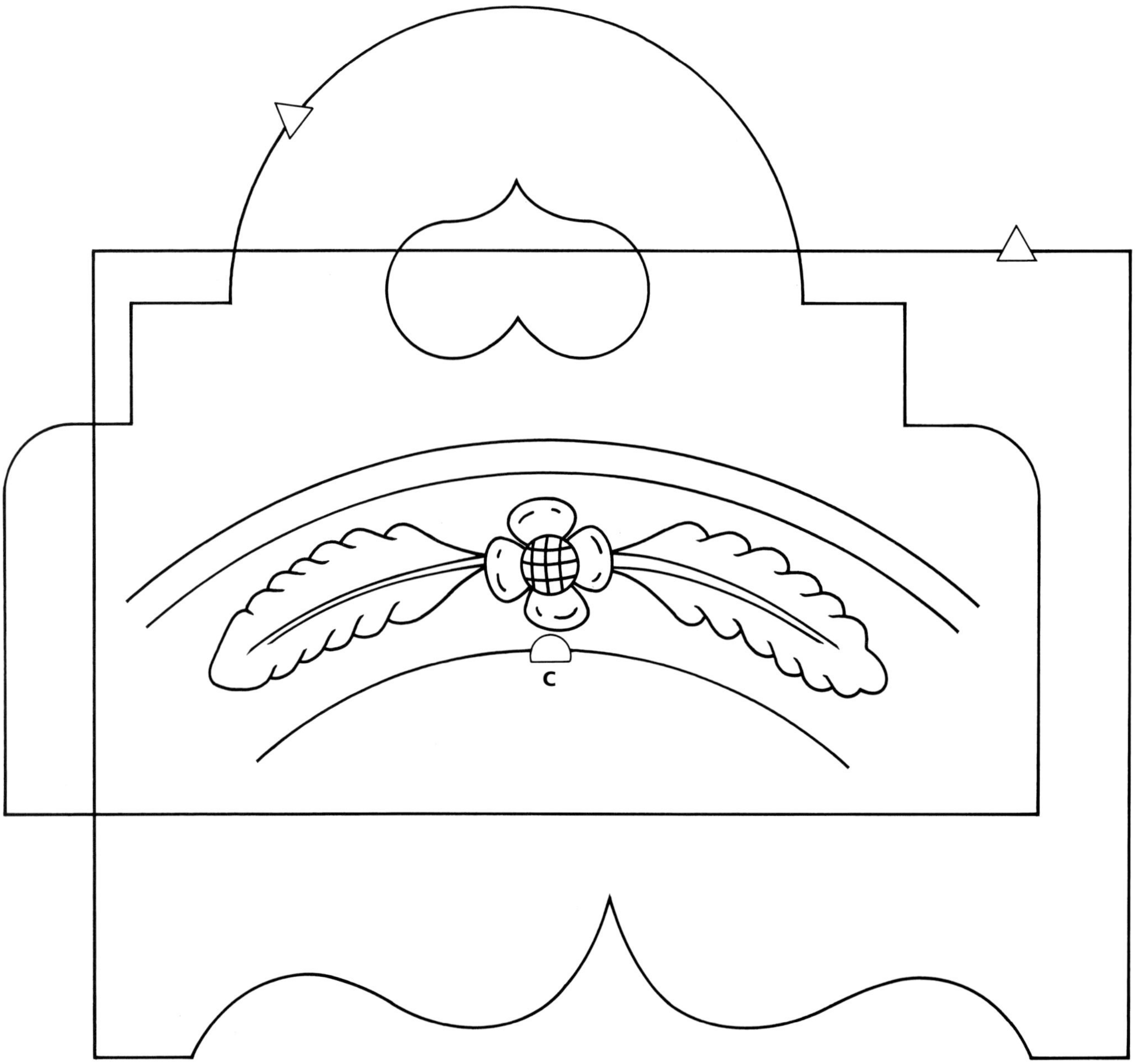

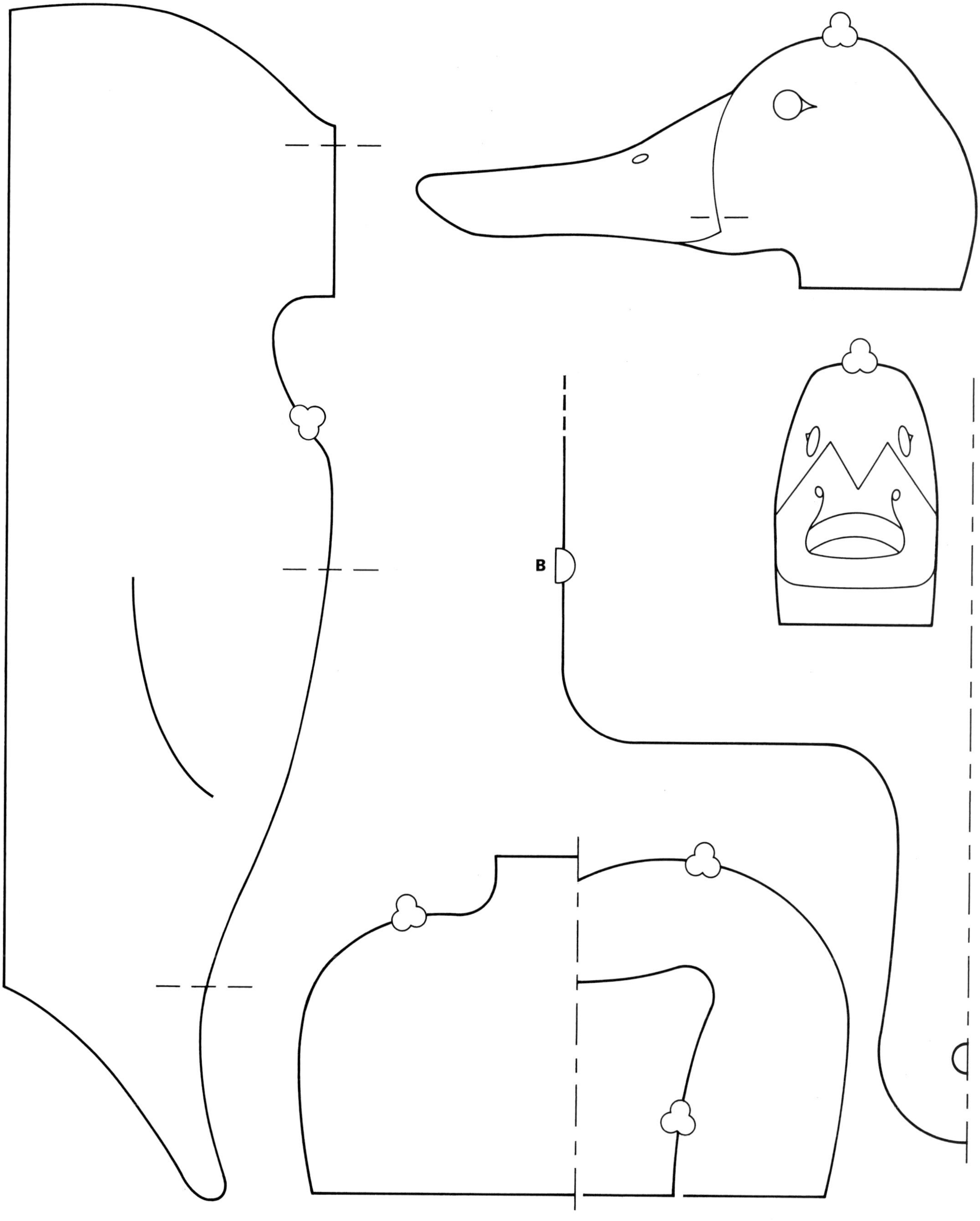
B

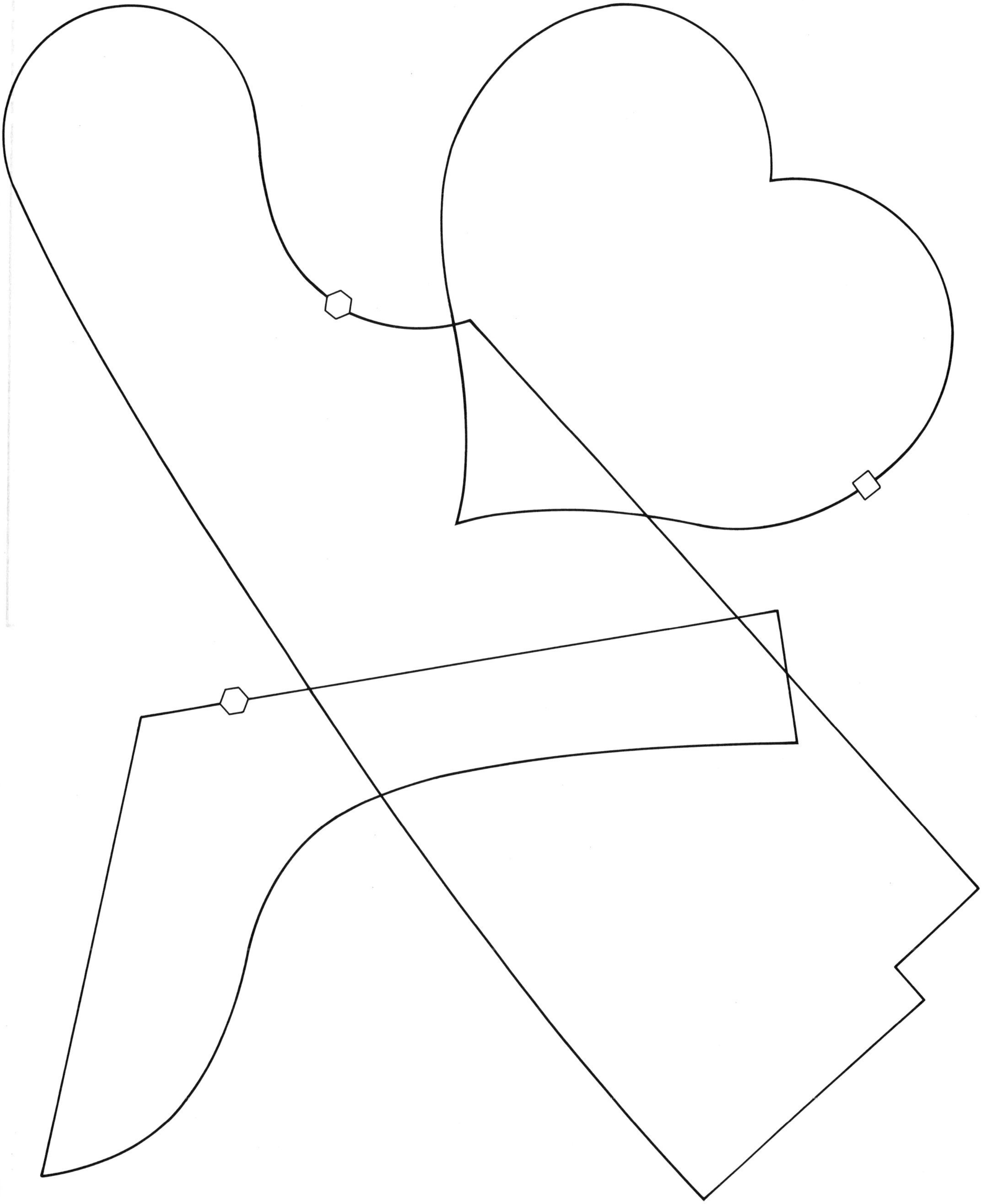

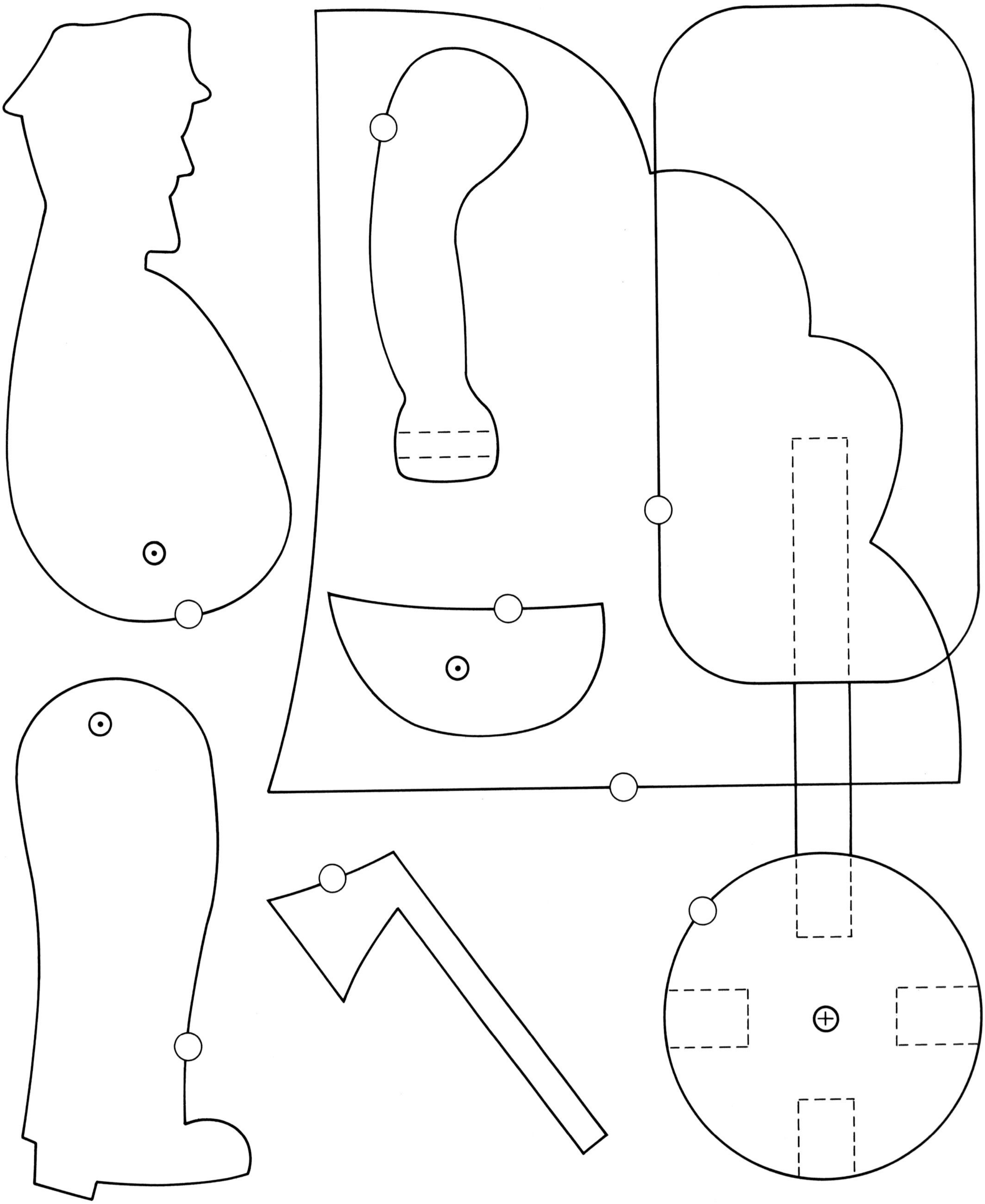

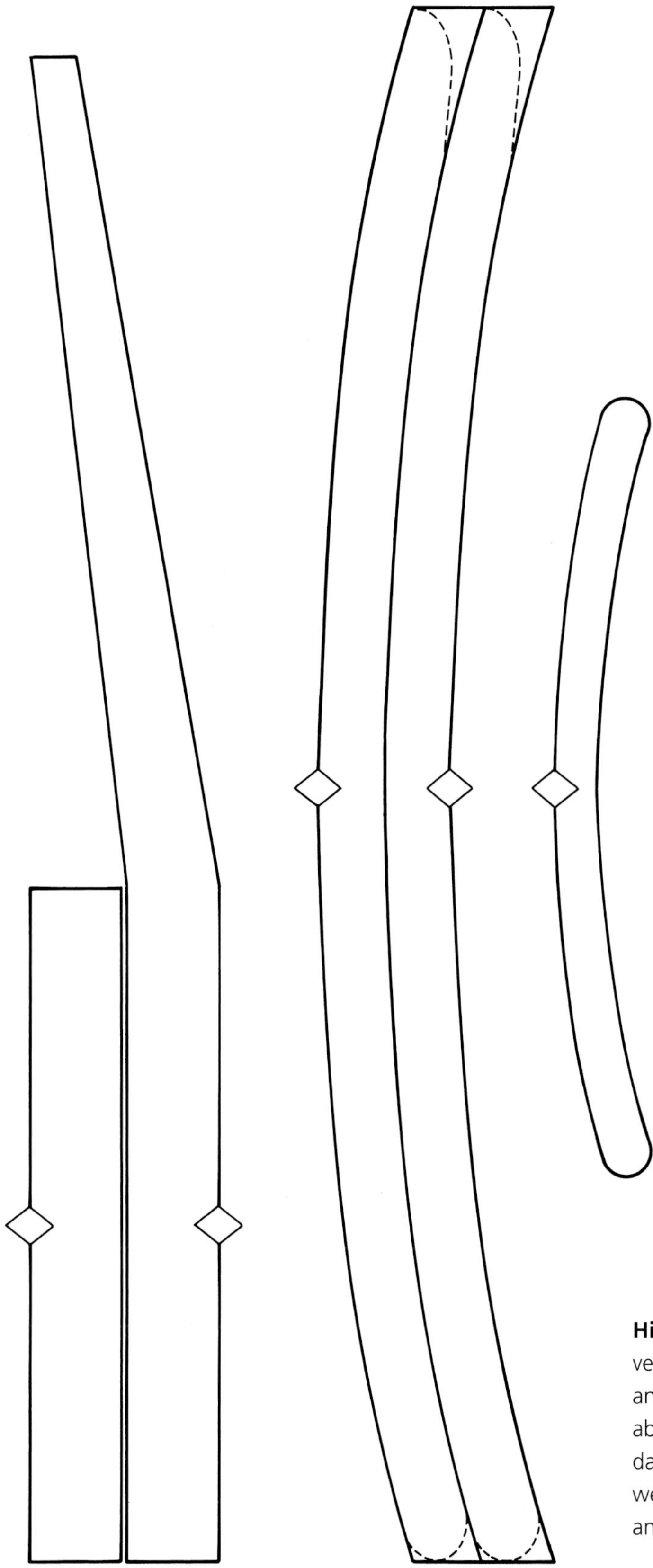

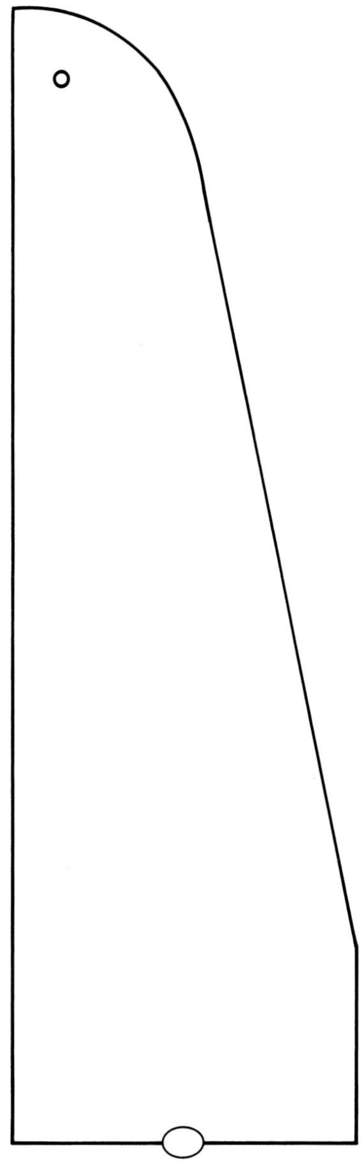

Hinweis Diese Schablonen müssen um 378 % vergrößert werden, um genau den im Text angegebenen Maßen zu entsprechen. Sie können aber auch ein Raster auf Pauspapier auftragen, das im Maßstab 1 : 4 gezeichnet ist. In diesem Fall werden Sie die anderen Maße dementsprechend anpassen müssen.

Stichwortverzeichnis

Einträge in **fetter** Schrift verweisen auf Werkstücke im ersten Teil des Buches.

Literatur

Abbott, Mike: Grünholz. Die Kunst mit frischem Holz zu arbeiten. Hannover 2000 (Th. Schäfer). Englische Originalausgabe Green Woodworking. Lewes 1989 (GMC)

Gilborn, Craig: Adirondack Furniture and the Rustic Tradition. New York 1987 (Abrams)

Hill, Jack: Country Chair Making. Newton Abbot 1993 (David & Charles)

Hill, Jack: Jack Hill's Country Furniture. London 1998 (Cassell)

Kettell, Russell H.: The Pine Furniture of Early New England. New York 1949 (Dover)

Kinmonth, Claudia: Irish Country Furniture. New Haven 1993 (Yale University Press)

Knell, David: English Country Furniture. London 1992 (Berry & Jenkins)

Langsner, Drew: Das große Buch vom Stuhlbau. Hannover 2006. Amerikanische Originalausgabe The Chairmaker's Workshop. New York 1997 (Sterling)

Mack, Daniel: Möbel aus Wildholz. Staufen 1999 (Ökobuch). Amerikanische Originalausgabe Making Rustic Furniture. New York 1992 (Lark/Sterling)

Miller, Judith und Miller, Martin: Period Finishes and Effects. London 1992 (Mitchell Beazley)

Pierce, Kerry: Shaker Holzarbeiten Band 1. Hausrat und Kleinmöbel selbst gemacht, Hannover 2002 (Th. Schäfer). Amerikanische Originalausgabe Making Shaker Woodenware. New York 1998 (Sterling)

Shea, John G.: Antique Country Furniture of Northern America. New York 1975 (Von Nostrand Reinhold)

Sonday, Robert: Shaker Holzarbeiten Band 2. Zeitlos schöne Möbel selbst gemacht. Hannover 2002 (Th. Schäfer). Amerikanische Originalausgabe Shaker-Style Wood Projects. New York 1998 (Sterling)

Sparkes, Ivan: English Domestic Furniture. Bourne End 1980 (Spurbooks)

Sprigg, J. und Larkin, D.: Shaker: Life, Work, and Art. London 1988 (Cassell)

Danksagung

Ich danke dem Verlag Mitchell Beazley für die Bereitschaft, das Buch „Country Woodworker" in dieser neuen, überarbeiteten und gekürzten Fassung erneut veröffentlichen zu können. Natürlich gilt mein aufrichtiger Dank auch allen, die in Redaktion, Grafik, Herstellung, Werbung und im Vertrieb am Entstehen beteiligt waren.

Ein Dank auch noch mal an alle, die an dem ursprünglichen Buch mitgearbeitet haben: an James Merrell für die Fotografien; an meine amerikanischen Freunde Merryl und Ed Saylan, die Teile des Manuskriptes Korrektur gelesen haben; und an Chris Mowe und Henryk Terpilowski für Hinweise zur Oberflächenbehandlung.

Schließlich danke ich all jenen, die mich im Laufe der Jahre (siebzig sind es nun schon!) gelehrt haben, Holz zu lieben, es zu verstehen und schöne Dinge daraus herzustellen. Und ich danke Gott für die Bäume, die wir alle benutzen.

Der Verlag möchte sich bei den folgenden Personen bedanken, die uns gestatteten, in ihren Wohnungen für die Originalausgabe Fotos zu machen: Shirley Dupree, Fran Sansom and Jack Hill, Howard Kaplan, Tasha und Jack Polizzi, George Schmidt, Maryanne Wilkins.

Liz und Michael O'Donnell

Drechsel-Dekor

Faszinierende Formen und Farben

Ein außergewöhnliches Buch, das zeigt, wie man gedrechselte Gefäße und Objekte in kleine Kunstwerke verwandeln kann. Eine Quelle der Inspiration für jeden Drechsler! Michael O'Donnell besitzt einen hervorragenden Ruf als Drechsel-Lehrer, seine Frau Liz ist Designerin. Das Ehepaar hat gemeinsam eine attraktive und innovative Palette von Objekten entwikkelt, die meisterliches Drechseln mit ausgefeilten Dekortechniken kombinieren.

152 Seiten, 21 x 27,6 cm, 242 farbige, zum Teil ganzseitige Abbildungen, flexibler Einband

ISBN 3-87870-675-8 · Bestell-Nr. 9117

Fritz Spannagel

Der Möbelbau

Spannagels bekanntestes Fachbuch »Der Möbelbau« ist auch heute noch aktuell und gefragt. Seine Bedeutung für die Praxis ergibt sich aus den vielen Arbeitsanleitungen, den erklärenden Abbildungen, den detaillierten Beschreibungen der Holzverbindungen und anderer Techniken der handwerklichen Holzverarbeitung. Das Handbuch richtet sich vor allem an Schreiner (Tischler), aber auch an Architekten sowie Lehrer und Liebhaber des Holzhandwerks.

368 S., 22 x 29,7 cm, 1538 Abb., fester Einband

ISBN 3-87870-669-9 · Bestell-Nr. 1217

Drew Langsner

Das große Buch vom Stuhlbau

Ein Kompendium zum Holzhandwerk

Der in der amerikanischen Holzszene sehr bekannte Drew Langsner teilt in diesem Buch einen in Jahrzehnten entstandenen Schatz von Erfahrungen mit. Kongenial übersetzt von dem Werkzeug- und Stuhlbau-Fachmann Dr. Günther Heine. Mit mehr als 500 Fotos und Rißzeichnungen bietet das Werk neben vielen grundlegenden Aspekten des Holzhandwerks Anleitungen für elf historische Stühle. Vom Rohholz zum Klassiker der Möbelbaukunst ist hier alles detailliert und praxisgerecht dargestellt.

320 Seiten, 21 x 28 cm, 420 Abbildungen, zum Teil in Farbe, gebunden

ISBN 3-87870-575-1 · Bestell-Nr. 9126

Sam Allen

Oberflächenbehandlung von Holz

Klassische Techniken und Rezepte

Eine grundlegende Einführung in die traditionelle Oberflächenbehandlung von Holz. Oberflächenbehandlung macht das Holz schöner und steigert dessen Wert und Beständigkeit. Dieses Buch bietet die traditionellen Methoden und Rezepturen der Holzbehandlung. Sehr ausführlich wird die althergebrachte Art der Schellackpolitur behandelt, dann diverse andere Lacke, Öle und Wachse, Schleifmittel und Beizen sowie kaseinhaltige Farblasuren.

128 Seiten, 21 x 28 cm, zahlreiche farbige Abbildungen, gebunden

ISBN 3-87870-586-7 · Bestell-Nr. 9004

Kerry Pierce

Shaker Holzarbeiten, Band 1

Hausrat und Kleinmöbel selbst gemacht

Das Buch enthält 20 Arbeitsvorhaben für Gebrauchsgegenstände aus Holz, die einfach sind und immer zweckmäßig, dabei von großer ästhetischer Wirkung. Nebenbei verrät der Text viel über die Philosophie und Lebensweise der Shaker. Jedes der Projekte beinhaltet detaillierte Zeichnungen mit genauen Maßangaben, eine Materialliste und Erklärungen zur Konstruktion. Von der Schöpfkelle bis zu der charakteristischen ovalen Shaker-Spanschachtel – in ein paar Wochenenden sind sie eigenhändig gemacht.

128 Seiten, 21,5 x 25,5 cm, 116 überwiegend farb. Abb. und 40 Konstruk-tionszeichnungen, flexibler Einband

ISBN 3-88746-445-1 · Bestell-Nr. 9216

Robert Sonday

Shaker Holzarbeiten, Band 2

Zeitlos schöne Möbel selbst gemacht

Wir nennen es heute meisterhaftes Design und funktionalen Stil – damals war es Ausdruck eines gottgefälligen Lebens und der Konzentration auf das Wesentliche, das die Angehörigen der Shaker-Sekte im 19. Jahrhundert dazu bewog, ihre schlichten, dennoch harmonischen und immer funktionsgerechten Möbel zu entwerfen und selbst zu fertigen. Dieses außergewöhnliche Vorlagen- und Anleitungsbuch zeigt, wie man in der eigenen Werkstatt »Klassiker« der Shaker-Handwerkskunst nachbauen kann.

144 Seiten, 21,5 x 25,5 cm, 53 farbige Abbildungen und 139 Konstruktionszeichnungen, flexibler Einband

ISBN 3-87870-662-6 · Bestell-Nr. 9217

Th. Schäfer

Verlag Th. Schäfer
im Vincentz Network
Postfach 6247
30062 Hannover

Tel. +49 511 9910-012
Fax +49 511 9910-013
th.schaefer@vincentz.de
www.th-schaefer.de

Weitere Titel finden Sie in unserem kostenlosen Gesamtverzeichnis (bitte anfordern) und im Internet!